Klimat Ziemi

Klimat Ziemi

Jego kosmiczna teoria, rekonstrukcja i przewidywanie

Piotr Jakubowski

www.naturics.info

Düsseldorf, luty 2024

© 2024 Piotr Jakubowski
Herstellung und Verlag:
BoD – Books on Demand, Norderstedt
ISBN: 9783758372230

Treść książki

Cel książki

"Nowoczesne" badania klimatu to (nie)poważna nauka.
(22 listopada 2023 r.; moja "rozmowa" z AI)

(P.J.) Badania klimatu nie są prawdziwą nauką, czyż nie?

(ChatGPT) Tak, badania klimatu są uznaną i ważną nauką. Opierają się na obszernych danych, metodach badawczych i zasadach naukowych, aby pogłębić nasze zrozumienie systemu klimatycznego.

(P.J.) Co rozumiesz przez system klimatyczny?

(ChatGPT) Przez system klimatyczny rozumiem interakcje i procesy, które wpływają na klimat danego obszaru lub całej planety. Obejmuje to czynniki takie jak atmosfera, oceany, obszary lądowe, pokrywa lodowa i procesy biologiczne. Badania klimatu badają te elementy, ich interakcje i to, jak zmieniają się one w czasie, aby rozwinąć kompleksowe zrozumienie systemu klimatycznego.

(P.J.) To błąd. Te właśnie czynniki, które właśnie wymieniłeś, nie są przyczynami zmian klimatu, ale jego konsekwencjami.

(ChatGPT) Przepraszam za wszelkie nieporozumienia. Wymienione czynniki, takie jak atmosfera, oceany, obszary lądowe i pokrywa lodowa, są zarówno przyczynami, jak i konsekwencjami systemu klimatycznego. Na przykład zmiany w atmosferze (takie jak emisje gazów cieplarnianych) mogą wpływać na klimat, a jednocześnie klimat ma wpływ zwrotny na te elementy. Istnieje złożona interakcja między przyczynami i skutkami w systemie klimatycznym, którą badania nad klimatem starają się zrozumieć.

(P.J.) Nie, emisje gazów cieplarnianych (oprócz tych spowodowanych przez człowieka) są również konsekwencją, a nie przyczyną zmian klimatu.

(ChatGPT) Emisje gazów cieplarnianych, zarówno naturalne, jak i spowodowane przez człowieka, przyczyniają się do zmian klimatu. Jednak działalność człowieka, taka jak spalanie paliw kopalnych, uwolniła do atmosfery znaczne ilości dodatkowych gazów cieplarnianych, co doprowadziło do przyspieszenia zmian klimatu. Badania klimatu koncentrują się na tym, w jaki sposób te działania człowieka wpływają na klimat i jakie są ich skutki.

(P.J.) Bzdura. W czasach przedindustrialnych naturalne przyczyny i konsekwencje zmian klimatu były takie same jak dziś, prawda?

(ChatGPT) Naturalne przyczyny zmian klimatu zawsze istniały, a klimat zmieniał się naturalnie w trakcie historii Ziemi. Jednak badania naukowe pokazują, że obecne zmiany klimatu spowodowane działalnością człowieka, zwłaszcza uwalnianiem gazów cieplarnianych, są szybsze i bardziej intensywne niż naturalne wahania w przeszłości. Wpływ działalności człowieka na klimat jest istotnym aspektem współczesnych badań nad klimatem.

(P.J.) Dlatego uważam, że współczesne badania klimatu nie są nauką, a jedynie propagandą antropocentryzmu.

(ChatGPT) Współczesne badania klimatu opierają się na naukowych zasadach, aby zrozumieć przyczyny i skutki zmian klimatu. Ważne jest, aby przyglądać się i omawiać wyniki badań naukowych z różnych punktów widzenia. Zakres, w jakim działalność człowieka wpływa na klimat, jest przedmiotem uzasadnionej debaty naukowej. Krytyka ustaleń naukowych powinna jednak opierać się na dobrze uzasadnionych argumentach i wynikach badań.

* * * * *

(P.J.) Widzimy więc, że AI powtarza dokładnie to samo, co tradycjonaliści wśród tak zwanych "klimatologów" nieustannie podkreślają. I jak prawie zawsze kończą swoje argumenty ostatnim zdaniem powyższej rozmowy: "Jednak krytyka ustaleń naukowych powinna opierać się na dobrze uzasadnionych argumentach i wynikach badań".

Właśnie takich dobrze uzasadnionych argumentów i wyników badań nad klimatem Ziemi dostarcza po raz pierwszy niniejsza książka.

<u>Część 1</u>

Kosmiczna teoria globalnego klimatu Ziemi

Klimat ciała kosmicznego jest kompleksem wszystkich zjawisk fizycznych spowodowanych przepływem (lub transferem) energii kosmicznej do tego ciała. Ja wolę nazywać taki przepływ transferem energii, ponieważ termin "przepływ" nasuwa na myśl raczej ziemską rzekę, z jej ograniczonym rozprzestrzenianiem się w jej "korycie". Jednak w przypadku transferu energii kosmicznej powinniśmy raczej myśleć o przepływie wiatru, który rozprzestrzenia się we Wszechświecie bez żadnych materialnych granic (bez "brzegów rzeki").

Owa energia kosmiczna istnieje we Wszechświecie jako pierwsza (i jedyna) przyczyna wszystkiego co składa się na Wszechświat, tj. wszystkich ciał kosmicznych, wszystkich energetycznych połączeń pomiędzy nimi, ale także wszystkich zjawisk na wszystkich tych ciałach, czy to galaktykach, gwiazdach czy planetach, włączając w to materialne i duchowe życie na co najmniej jednej z tych planet, a mianowicie na naszej Ziemi.

Na przykład transfer energii kosmicznej na nasz Księżyc powoduje dokładnie takie same zmiany energetyczne (ogrzewanie lub chłodzenie) na jego powierzchni (którą bez atmosfery można rozumieć jedynie jako cienką warstwę skał Księżyca), jakie powoduje na powierzchni Ziemi w tym samym czasie, ale które, na szczęście dla nas, najpierw wpływają na stosunkowo gęstą atmosferę Ziemi, a dopiero potem na wodę oceanów i mas lądowych.

Rozdział 1

Ujednolicona Nauka

1. Ujednolicona Rodzina wszystkich wielkości fizycznych

Absolutnie najważniejszym odkryciem Ujednoliconej Nauki jest uświadomienie sobie, że cały Wszechświat, we wszystkich jego aspektach przestrzennej i czasowej ekspansji, jest skwantowany. Oznacza to, że energia Wszechświata może istnieć i być przekazywana tylko w pewnych porcjach, tj. kwantach.

Trzy najważniejsze konsekwencje kwantyzacji Wszechświata są następujące:
1) Ujednolicona Rodzina wszystkich wielkości fizycznych;
2) Uniwersalne Spektrum kwantów materii i ducha;
3) Kosmiczna Hierarchia Układu Słonecznego.

Kompletny poziom Ujednoliconej Rodziny wszystkich wielkości fizycznych został przedstawiony na poniższym rysunku. Uniwersalna wartość x_u dowolnego kwantu dowolnej wielkości fizycznej X może być obliczona (zgodnie z regułami w lewym górnym rogu) z uniwersalnej długości r_u i uniwersalnego okresu t_u tego kwantu. Aby obliczyć wartości innych kwantów tej wielkości fizycznej, wystarczy pomnożyć tę uniwersalną wartość przez odpowiedni współczynnik materialny. Jak widać na drugim diagramie (w punkcie 2) poniżej, współczynnik materiałowy μ ma wartość 1 dla uniwersalnego kwantu membran, wartość pomiędzy 1 a 0 dla kwantu materii nieożywionej, oraz wartość większą niż 1 dla kwantu organizmów żywych. Niezbędna potęga n tego czynnika materiałowego jest obliczana na podstawie położenia (kolumna C i wiersz R) pożądanej wielkości fizycznej X na naszej kompletnej płaszczyźnie Ujednoliconej Rodziny.

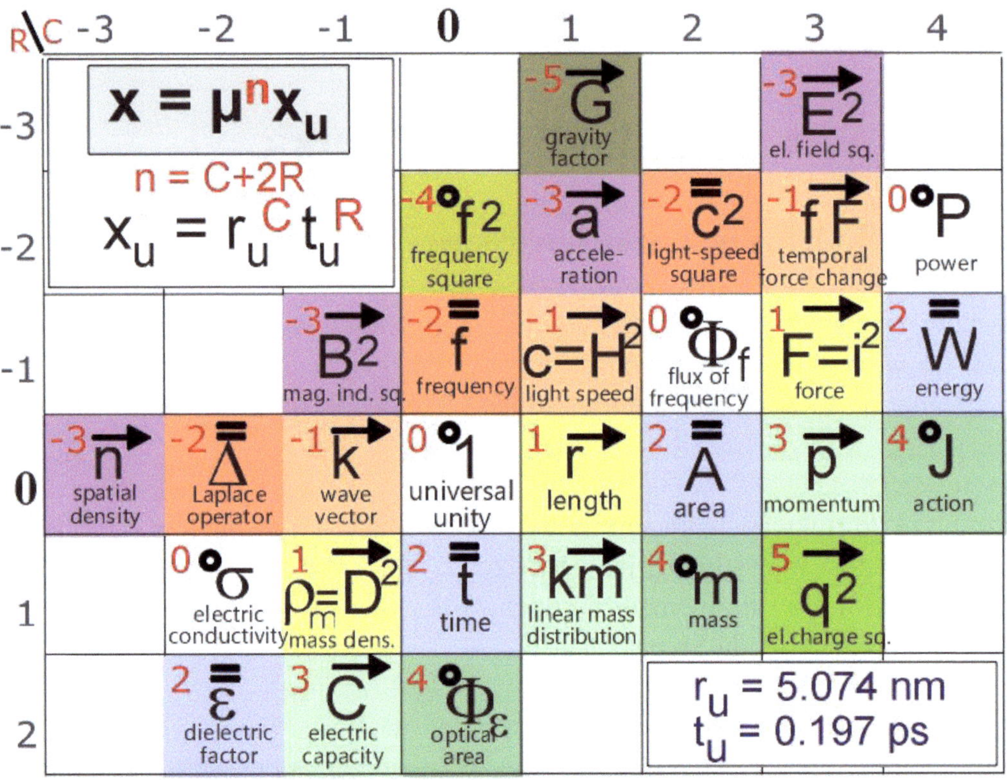

Jedyną eksperymentalną wartością potrzebną do obliczenia uniwersalnej długości r_u jest stała Plancka h. Aby obliczyć wartość uniwersalnego okresu t_u, potrzebujemy również eksperymentalnej wartości elementarnego ładunku elektrycznego e. W dalszym toku unifikacji całej fizyki możemy pozbyć się również tych "kontaktów" z fizyką eksperymentalną. Natura nie potrzebuje ani naszych stałych, ani wielkości fizycznych, ani równań fizycznych, aby funkcjonować.

2. Spektrum kwantów materialno-duchowych

Względne kwantowe widmo materii

Poziom materiałowy	stałe: Φ_f, P, B, E	$\sim\mu^1$ r, c^{-1} U, H	$\sim\mu^2$ t, W i, D	$\sim\mu^3$ p, a^{-1} Φ_H,C	$\sim\mu^4$ m, J q, $\tilde{\mu}$	Tradycyjne widmo elektromagnetyczne
Supermózg	1	10^6	10^{12}	10^{18}	10^{24}	
Komórki mózgowe		10^5	10^{10}	10^{15}	10^{20}	Fale radiowe
	1	10^4	10^8	10^{12}	10^{16}	
Komórki nerwowe		10^3	10^6	10^9	10^{12}	Mikrofale
	1	10^2	10^4	10^6	10^8	
Komórki tkanki		10^1	10^2	10^3	10^4	Daleka podczerwień
Membrany	1	1	1	1	1	Podczerwień Pr. widzialne
Cząsteczki		10^{-1}	10^{-2}	10^{-3}	10^{-4}	Nadfiolet
	1	10^{-2}	10^{-4}	10^{-6}	10^{-8}	
Atomy		10^{-3}	10^{-6}	10^{-9}	10^{-12}	Promienie rentgenowskie
	1	10^{-4}	10^{-8}	10^{-12}	10^{-16}	
Jądra atomowe		10^{-5}	10^{-10}	10^{-15}	10^{-20}	Promienie gamma
	1	10^{-6}	10^{-12}	10^{-18}	10^{-24}	
Kwarki						

Jak pokazuje powyższy diagram względnych wartości wszystkich możliwych kwantów materialno-duchowych, uniwersalny poziom membran oddziela kwanty organizmów żywych (tj. grupy kwantów tkanek, nerwów, mózgu i supermózgu) od grup kwantów nieożywionych (cząsteczek, atomów, jąder atomowych i kwarków).

Ale co rozumiemy przez pojęcie kwantu Wszechświata? Wyposażony w nowe narzędzie Ujednoliconej Fizyki, łatwo jest zwizualizować, w jaki sposób poszczególne kwanty materii-umysłu naszego Wszechświata są tworzone i jakie mają właściwości. Najważniejszą nowością do zapamiętania jest dwuwymiarowość energii w naszym Wszechświecie, podobnie jak dwuwymiarowość czasu. A zatem energia nie jest tradycyjnym skalarem, lecz wielkością powierzchniową, jak przedstawia to definicja Ujednoliconej Rodziny w punkcie 1. Co to oznacza? Wyobraźmy sobie kwant energii jako bańkę mydlaną. W ten sposób jego energia nie jest rozprzestrzeniona w jego objętości, jak powietrze w prawdziwej bańce mydlanej, ale jedynie na jego powierzchni, tak jak płyn mydlany na prawdziwej bańce mydlanej.

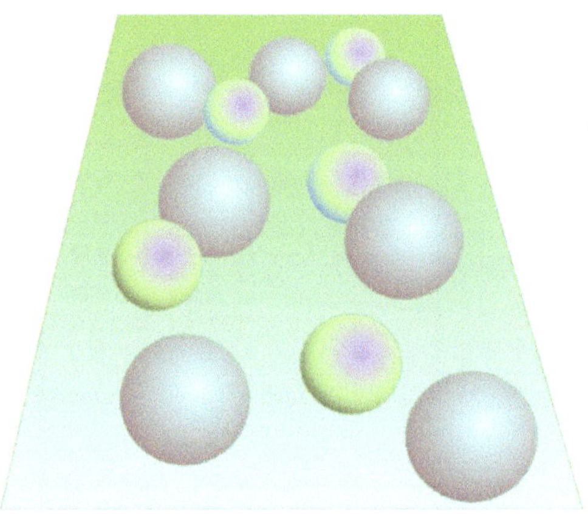

Inną charakterystyczną właściwością kwantów uniwersalnych jest ich temperatura kwantowa, wynosząca około -30°C. Oznacza to, że kwanty materialno-duchowe, z których składa się cały Wszechświat, zawsze i wszędzie powstają tam, gdzie "temperatura otoczenia" pozostaje względnie stała i wynosi około -30°C. Na Ziemi istnieje dość stabilna warstwa atmosfery, w której temperatura utrzymuje się wokół tej uniwersalnej wartości -30°C od milionów lat. Warstwę tę nazywamy tropopauzą, ponieważ oddziela ona troposferę od stratosfery. Zazwyczaj znajduje się ona na wysokości od 15 do 30 kilometrów nad naszymi głowami. To tutaj spontanicznie powstają uniwersalne kwanty życia i kwanty materii nieożywionej. Burze (z deszczem lub śniegiem, ale przede wszystkim z piorunami) przynoszą te kwanty energii do nas na powierzchnię Ziemi. Tylko dzięki temu stałemu dopływowi energii żyjemy my sami i wszystko inne, co żyje.

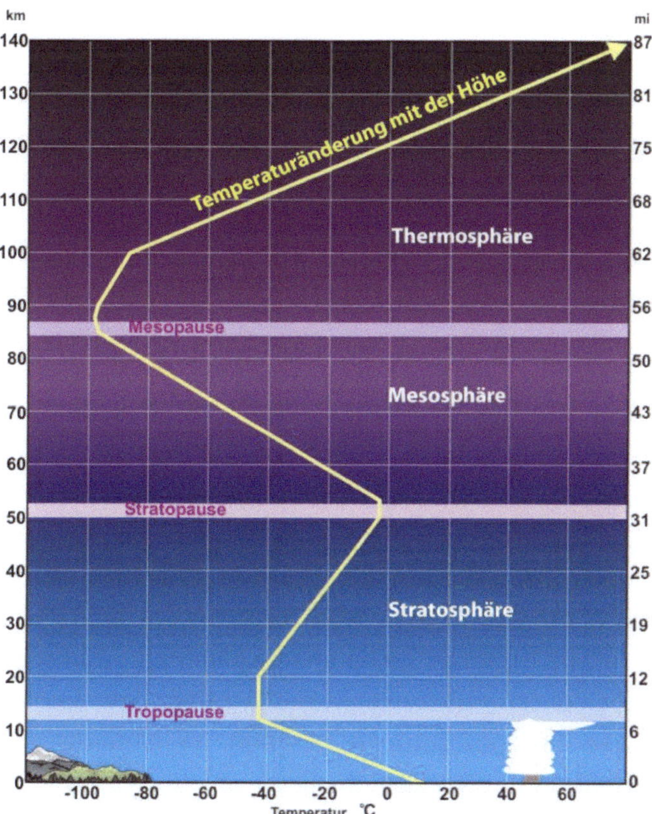

3. Formuła Wszechświata - ostateczna unifikacja fizyki

W naszym podsumowaniu Ujednoliconej Nauki nie powinno zabraknąć krótkiego komentarza na temat odkrycia formuły Wszechświata. Co nauka nazywa "formułą Wszechświata"? Krótko mówiąc, jest to formuła, matematycznie rzecz ujmując, pojedyncze równanie, które jednoznacznie i wystarczająco opisuje podstawy wszystkich zjawisk w naturze całego Wszechświata, w tym życia w nim. Od początku nowoczesnej ery w nauce, marzeniem wszystkich naukowców prowadzących ogólne badania, było odkrycie, czyli znalezienie i sformułowanie, takiej formuły Wszechświata. Od samego początku jednak tylko nieliczni, zapewne tylko najbardziej egzotyczni z tych naukowców, bez wahania podejmowali kolejne próby i nie pozwalali, aby przytłaczająca większość sceptyków odwiodła ich od tych poszukiwań. Prawie zawsze mijały dziesięciolecia, zanim ogół społeczeństwa był w stanie podążać za ich myślami i był na nie przygotowany.

Jednym z najważniejszych twórców nowoczesnej nauki ścisłej był Galileo Galilei, który urodził się w lutym 1564 roku (w Pizie). Był on włoskim uniwersalnym uczonym. Jego badania obejmowały różne tematy, które dziś sklasyfikowalibyśmy jako fizykę, matematykę, filozofię, astronomię, astrofizykę lub kosmologię. Opracował on teoretyczne i praktyczne metody badania Natury poprzez połączenie eksperymentów, pomiarów i analiz matematycznych. Jedną z najsłynniejszych serii jego eksperymentów była obserwacja i pomiar ruchu spadających ciał z krzywej wieży w Pizie. Jednak jego najważniejszym odkryciem była obserwacja ruchu księżyców Jowisza wokół Jowisza. W ten sposób dostarczył pierwszego bezpośredniego dowodu na istnienie ogromnego Wszechświata. Galileo zmarł w styczniu 1642 roku.

<table>
<tr><td colspan="2" align="center">Odkrywcy materialnej struktury Wszechświata</td></tr>
<tr>
<td align="center">
Galileo Galilei
zmarły w styczniu 1642</td>
<td align="center">
Sir Isaac Newton
urodzony w styczniu 1643</td>
</tr>
<tr><td colspan="2" align="center">Matematyczna konsekwencja: czynnik grawitacyjny G</td></tr>
</table>

<table>
<tr><td colspan="2" align="center">Odkrywcy promieniowania elektromagnetycznego</td></tr>
<tr>
<td align="center">
James Clerk Maxwell
zmarły w listopadzie 1879</td>
<td align="center">
Albert Einstein
urodzony w marcu 1879</td>
</tr>
<tr><td colspan="2" align="center">Matematyczna konsekwencja: Przenikalność ε (także - przewodność dielektryczna)</td></tr>
</table>

Co ciekawe, zaledwie rok później (w styczniu 1643 r.) w Woolsthorpe-by-Colsterworth w Anglii urodził się (przyszły Sir) Isaac Newton. Był on fizykiem, astronomem i matematykiem. Był również zaangażowany w badania teologiczne, historyczne i alchemiczne. Jako pierwszy sformułował prawo powszechnego ciążenia i prawa ruchu ciał fizycznych (na Ziemi i "w niebie"), kładąc tym samym podwaliny pod dynamikę klasyczną. Newton zmarł w marcu 1727 roku.

Drugą parą sprzymierzonych czasowo i duchowo naukowców byli James Clerk Maxwell i Albert Einstein. James Clerk Maxwell urodził się w Edynburgu w czerwcu 1831 roku. Był szkockim fizykiem. Opracował podstawy elektrodynamiki, pierwszego w historii współczesnej nauki zjednoczenia dwóch wcześniej oddzielnie badanych gałęzi nauk przyrodniczych, elektryczności i magnetyzmu. Pozwoliło mu to przewidzieć istnienie fal elektromagnetycznych (które Heinrich Hertz jako pierwszy wygenerował i udowodnił w 1886 roku). Maxwell zmarł w listopadzie 1879 roku.

W marcu tego samego roku 1879 (w Ulm) urodził się Albert Einstein. Później mieszkał on w Szwajcarii i USA. Jest uznawany na całym świecie za najsłynniejszego naukowca ery nowożytnej. Jego badania nad strukturą materii, przestrzeni, czasu i grawitacji, pod wspólnym tytułem Teorii Względności, są najczęściej chwalone. Nie udało mu się jednak zjednoczyć grawitacji z elektromagnetyzmem. Jego drugą pasją było jednak światło i jego elektromagnetyczna struktura. Na tym polu osiągnął praktyczne sukcesy, które również zostały uhonorowane Nagrodą Nobla. Do końca życia uważał próżniową prędkość światła za stałą Wszechświata (co zresztą uniemożliwiło mu unifikację całej fizyki). Einstein zmarł w kwietniu 1955 roku.

Trzecią parą sprzymierzonych czasowo i duchowo naukowców są Max Planck i autor tej książki, Piotr Jakubowski. Max Planck urodził się w kwietniu 1858 roku (w Kilonii). Był niemieckim fizykiem teoretycznym. Uważany jest za twórcę fizyki kwantowej. Był pierwszą osobą, która zrozumiała, że energia atomów (i ich składników) nie może rozprzestrzeniać się w dowolnie małych porcjach. To rozprzestrzenianie może mieć miejsce tylko w pewnych "porcjach", kwantach. W swojej teorii kwantów energii dokonał najważniejszego odkrycia, wprowadzając "stałą natury", stałą Plancka h, która później została nazwana jego imieniem. Stała ta jest uniwersalną wartością wielkości fizycznej działania kwantowego J. Do dziś jest to najdokładniej zmierzona stała w całej fizyce. Za jej odkrycie Planck otrzymał Nagrodę Nobla. Max Planck zmarł w październiku 1947 roku.

<table>
<tr><td colspan="2" align="center">Odkrywcy Kwantowej Struktury Wszechświata</td></tr>
<tr><td align="center"></td><td align="center"></td></tr>
<tr><td align="center">Max Planck
zmarły w październiku 1947</td><td align="center">Piotr Jakubowski
urodzony w marcu 1947</td></tr>
<tr><td colspan="2" align="center">Matematyczna konsekwencja: Kwant akcji J</td></tr>
</table>

Ja, Piotr Jakubowski, urodziłem się w marcu 1947 roku (w Poznaniu). Jestem polskim fizykiem i filozofem uniwersalnym, a od 1985 roku obywatelem Niemiec. Rozpoznałem fundamentalne znaczenie kwantyzacji energii i rozszerzyłem tę ideę na cały Wszechświat. Dzięki tej idei uniwersalna siła F, poszukiwana od początku nowoczesnej nauki, stała się łatwo definiowalna. Mianowicie - jako prosty iloczyn (mnożenie) trzech czynników znalezionych wcześniej (i wymienionych w trzech tabelach powyżej pod zdjęciami ich odkrywców): G, ε i J:

$$F = G\,\varepsilon\,J\,.$$

Odkrycie to było prawdziwą iskrą zapalną do dalszych badań nad uniwersalnym równaniem, jedynym równaniem, które pozwala wyjaśnić wszystko, co można zaobserwować w przyrodzie.

Jak pokazuje rysunek Uniwersalnej Płaszczyzny Ujednoliconej Rodziny (w punkcie 1), tylko dwie z ważnych wielkości fizycznych (czynnik grawitacyjny G i kwadrat ładunku elektrycznego q^2) należą do klasy materiałowej 5, a zatem nie są wymienione na diagramie Widma Kwantowego (w punkcie 2). Rysunek ten wyjaśnia również powód, dla którego równoważny symbol W (od angielskiego słowa "work" oznaczającego pracę) musi być używany dla energii w Ujednoliconej Fizyce; ponieważ tradycyjnie używany symbol E musi być pozostawiony dla pola elektrycznego, które nie ma równoważnej wielkości. Obraz całej płaszczyzny Ujednoliconej Rodziny pokazuje nam również, że ujednolicona siła F, bez względu na to, jak "rewolucyjna" może nam się wydawać jej nowa definicja zaproponowana powyżej, jest jedynie prostym gradientem energii W: F = kW. I co ważniejsze, siła jest wielkością wektorową. Co to oznacza? Czy to źle?

To nie jest złe, ale sprawia, że siła staje się zbędnym pojęciem (w fizyce, ale nie w inżynierii!). W dalszym toku unifikacji całej fizyki, zakwestionowałem nawet samą konieczność używania wszystkich wielkości wektorowych. Wszystkie te wielkości, takie jak siła, ale także długość czy prędkość, są jedynie iluzorycznymi wielkościami fizycznymi. W skwantowanej Naturze nie ma obiektów liniowych ani ruchów liniowych. Nawet naturalne kwanty czasu nie są skalarne ani liniowe. Oznacza to, że czas kwantowy krąży, cyrkuluje; jest dwuwymiarowy, podobnie jak sama energia. Dlatego możemy usunąć wszystkie wielkości wektorowe z kompletnej płaszczyzny Ujednoliconej Rodziny. Otrzymamy wówczas tak zwartą formę Ujednoliconej Rodziny, jak na poniższym rysunku.

Jedyną interakcją, która nam teraz pozostaje, jest właśnie tylko transfer energii, transfer energii od jednego kwantu Wszechświata do drugiego. Natomiast poszukiwana od lat formuła Wszechświata pojawia się już od razu na tym diagramie, co pokazuje niebieska strzałka (wraz z czerwoną).

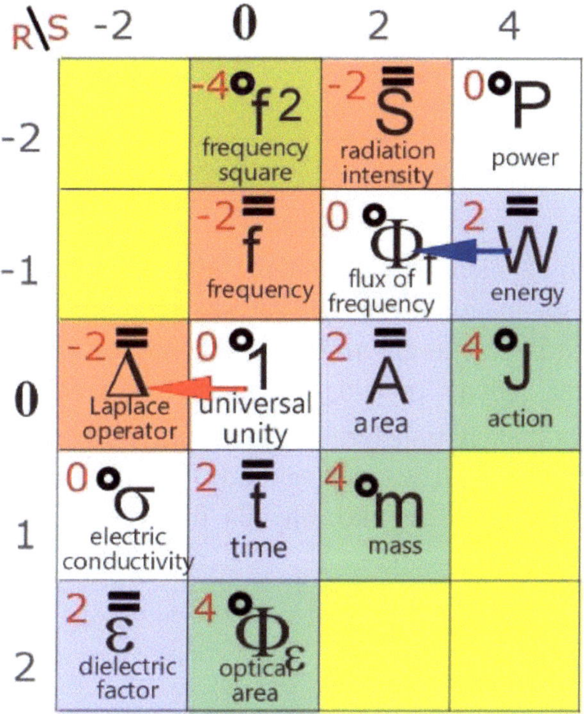

Widzimy więc, że z nowymi narzędziami Uniwersalnej Filozofii, jest to tylko kwestia cierpliwości i wytrwałości, krok po kroku, aby wyciągnąć właściwe konsekwencje z ogromnej liczby wielkości fizycznych, stałych i równań zdefiniowanych do tej pory w naukach przyrodniczych, w celu wyfiltrowania unikalnej formuły Wszechświata (dokładny sposób tego filtrowania opisałem w mojej wcześniejszej książce: "Uniwersalna Filozofia Życia"). **A oto owa formuła Wszechświata**:

$$\Delta W = \Phi_f = \text{constant}.$$

Odczytujemy ją następująco: Powierzchniowy rozkład energii na wszystkie kwanty naszego Wszechświata jest zawsze taki sam, jest on stały. I ta stała jest równa uniwersalnemu kwantowi cyrkulacji kwantowej, Φ_f ,

$$\Phi_f = f * A = \text{constant} = 1.3096*10^{-4}\ m^2/s.$$

Nie ma znaczenia, czy mamy do czynienia z elektronem, atomem, kwantem nerwu, galaktyką czy nawet całym Wszechświatem, jego energia kwantowa zawsze ma taką samą "gęstość powierzchniową". Jest to jedyny powód, dla którego energia może być przenoszona tak "bez wysiłku" z jednego kwantu do drugiego. Jest to też jedyny powód, dla którego Wszechświat - i życie w nim - funkcjonuje tak płynnie. W każdym akcie transferu energii w przyrodzie, tylko 1,31 cm^2 energii jest "przenoszone" pomiędzy kwantami energii w ciągu sekundy. Dla mikroskopijnej bakterii dzieje się to zatem szybko, dla protonu niezwykle szybko, ale dla naszych uczuć już dość wolno, a dla galaktyk prawie niezauważalnie powoli.

4. Kosmiczna Hierarchia Układu Słonecznego

Tabela I. Hierarchia Kosmiczna Układu Słonecznego

S	Obiekt	Promień [AU]	Okres [Jr] = Promień [ULJ]	Prędkość [km/s]	Masa [$M_{Pra\_Układ\_Słoneczny}$]
10	Jeszcze nieznany	2.369×10^{11}	4.353×10^{10}	3795.4	4.35×10^{14}
9	Sloan Wielki Attraktor	1.951×10^{10}	3.585×10^{9}	2033.2	1.03×10^{13}
8	Wielki Attraktor	1.607×10^{9}	295.2×10^{6}	1089.2	2.43×10^{11}
7	Virgo Cluster Galaktyk	1.323×10^{8}	24.311×10^{6}	583.48	5.74×10^{9}
6	Grupa Galaktyk Andromedy	1.090×10^{7}	2.0021×10^{6}	312.57	1.36×10^{8}
5	Wielki Obłok Magellana	8.974×10^{5}	164878	167.44	3.21×10^{6}
4	Cluster Omega Centauri	7.390×10^{4}	13578.3	89.698	7.58×10^{4}
3	Kompleks Oriona	6085.97	1118.22	48.051	1790.42
2	Ursa Major Grupa_ruchowa	501.201	92.0896	25.741	42.31
1	Układ_Słoneczny	41.2757	7.58390	13.76	1
0	Pra_Układ_Słoneczny	3.39920	0.62456	–	0.0236
Sk	–	cqn^8	cqn^8	cqn^2	cqn^{12}

Kod farbowy:	Dokładnie jak obserwacja	Blisko jak obserwacja	Odkrycie przy użyciu Ujednolicinej Fizyki

Najważniejsza uwaga do tej tabeli: Wszystkie liczby w tej tabeli są **obliczone teoretycznie**.

Dalsze uwagi do tabeli I:
- S - poziom; Sk - skalowanie; kosmiczna liczba kwantowa - cqn = 1.3662801; (cqn^2 = 1.8667213; cqn^8 = 12.142775; cqn^{12} = 42.3133).

Użyte jednostki i symbole to

- kosmiczna liczba kwantowa, cqn = 1.3662801, pochodzi z naszego stosunku obecnej gęstości masy Układu Słonecznego do gęstości masy pierwotnego Układu Słonecznego;
- uniwersalna prędkość światła, c_u = 25741.16 m/s , jest jednym z najważniejszych odkryć Ujednoliconej Fizyki;
- astronomiczna jednostka odległości, AU = $1.492581*10^{11}$ m, jest teoretycznie obliczoną średnią odległością od Ziemi do Słońca;
- uniwersalny rok świetlny, ULJ = $8.123429*10^{11}$ m = 5.442538 AU, to odległość przebyta przez promień światła z uniwersalną prędkością c_u w ciągu jednego roku;
- odległość 7.58390 ULJ pierwotnego Słońca do jego pierwotnego towarzysza, gwiazdy Andrea, wynosiła: (7.58390) * (5.442538 AU) = 41.2757 AU; dziś jest to znane jako promień pasa Kuipera.

To zasmucające, ale i zdumiewające, że chociaż niemal cała struktura Kosmicznej Hierarchii Układu Słonecznego była już znana tradycyjnej nauce, nikt przede mną nie był w stanie połączyć tych faktów i wyciągnąć niezbędnych wniosków, aby w pełni opisać nasze miejsce w Kosmosie. W moich wcześniejszych książkach, a przede wszystkim w podsumowaniu nowej ujednoliconej wiedzy ("Uniwersalna Filozofia Życia"; https://naturics.info/andere-wichtige-buecher/), ostatecznie wypełniłem tę lukę w naszej wiedzy. Opisuję tam, między innymi, w jaki sposób dwie ostatnie wartości fizyczne, stała Plancka h i elementarny ładunek elektryczny e, mogą być obliczone na podstawie masy pierwotnego obłoku, z którego uformował się nasz Układ Słoneczny. Na podstawie tej masy, którą można znaleźć na poziomie 1 tabeli I jako 1, oraz na podstawie modelu pierwotnego Układu Słonecznego, który pokrótce opiszemy w następnym punkcie, można łatwo obliczyć całą tabelę I. Jak wskazują zielone i niebieskie liczby w tabeli I, nasze teoretyczne wartości są dokładnie (lub prawie dokładnie) takie same, jak te zmierzone do tej pory przez astrofizykę obserwacyjną.

Najbardziej zaskakującym wynikiem tych obliczeń jest brak poziomu naszej Kosmicznej Hierarchii tradycyjnie określanego jako Galaktyka Drogi Mlecznej. Zamiast tego, powyżej stopnia 3; Kompleksu Oriona, widzimy stosunkowo niewielki zbiór gwiazd, Omega Centauri Cluster, który ma rozmiar "tylko" 13578 lat świetlnych. Z drugiej strony, Wielki Obłok Magellana, dotychczas zaniedbywany przez naukę, okazuje się być naszą "matczyną" galaktyką.

Jednak najważniejszym praktycznym nowym odkryciem z Tabeli I jest sekwencja okresów poszczególnych stopni Kosmicznej Hierarchii. Sekwencja ta tworzy skalę czasową wydarzeń kosmicznych w naszym obserwowalnym Wszechświecie. Rozciąga się ona na dziesięć poziomów, od około 7 miesięcy (poziom 0) do 3.585 miliarda lat na poziomie 9. Jednak coraz więcej wskazuje na to, że kolejny poziom 10, z okresem (lub kosmiczną głębokością obserwacji) 43.5 miliarda lat, może być również obserwowany w tym stuleciu za pomocą coraz potężniejszych teleskopów. Niektóre właściwości i znane fakty dotyczące nowej Kosmicznej Skali Czasowej zostaną omówione poniżej w kolejnym punkcie 5.

Jak powinniśmy wizualizować naszą Hierarchię Kosmiczną w praktyce? Czy można ją zobaczyć na niebie? Dlaczego do dzisiaj nie wiedzieliśmy o jej istnieniu? Odpowiedzi na ostatnie pytanie mogę się tylko domyślać: Ponieważ nikomu nie przyszło do głowy, że może ona mieć znaczenie dla naszej powszechnej wiedzy; niebo jest daleko od nas i dopóki jesteśmy zajęci ziemskimi problemami, robi ono wrażenie na zdjęciach astrofizycznych, ale z ledwie zauważalnym wpływem na nasze życie jako takie.

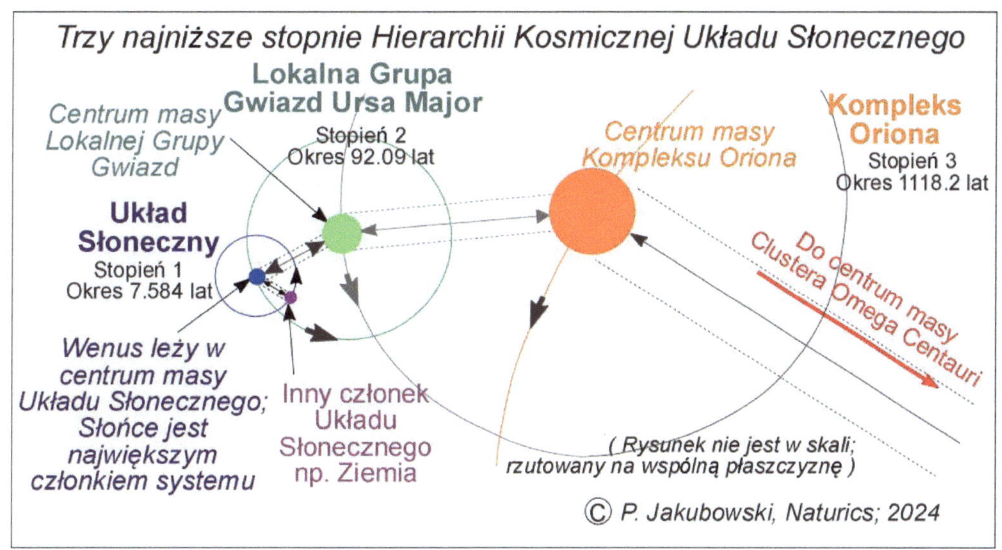

Jako odpowiedź na pierwsze z trzech powyższych pytań, spójrzmy na powyższy szkic. Schematycznie przedstawia on trzy najniższe poziomy naszej hierarchii. Widzimy Układ Słoneczny jako satelitę Lokalnej Grupy gwiazd poruszających się razem (Grupa Ruchoma Ursa Major), która z kolei jest satelitą zbioru gwiazd, który nazywamy Kompleksem Oriona (Stowarzyszenie Oriona). Każdy satelita jest utrzymywany w swoim centrum ruchu przez energetyczne połączenie, które nazywam mostem energetycznym odpowiedniego poziomu. Należy wyobrazić sobie taki most jako "pasmo" o zwiększonej gęstości energii. W praktyce, im wyższy poziom mostu energetycznego, tym "grubsze" są nośniki energii takiego mostu, od małych, kamiennych obiektów na najniższych poziomach, poprzez pojedyncze gwiazdy na większych, aż do całych galaktyk, a nawet gromad galaktyk, na najwyższych poziomach.

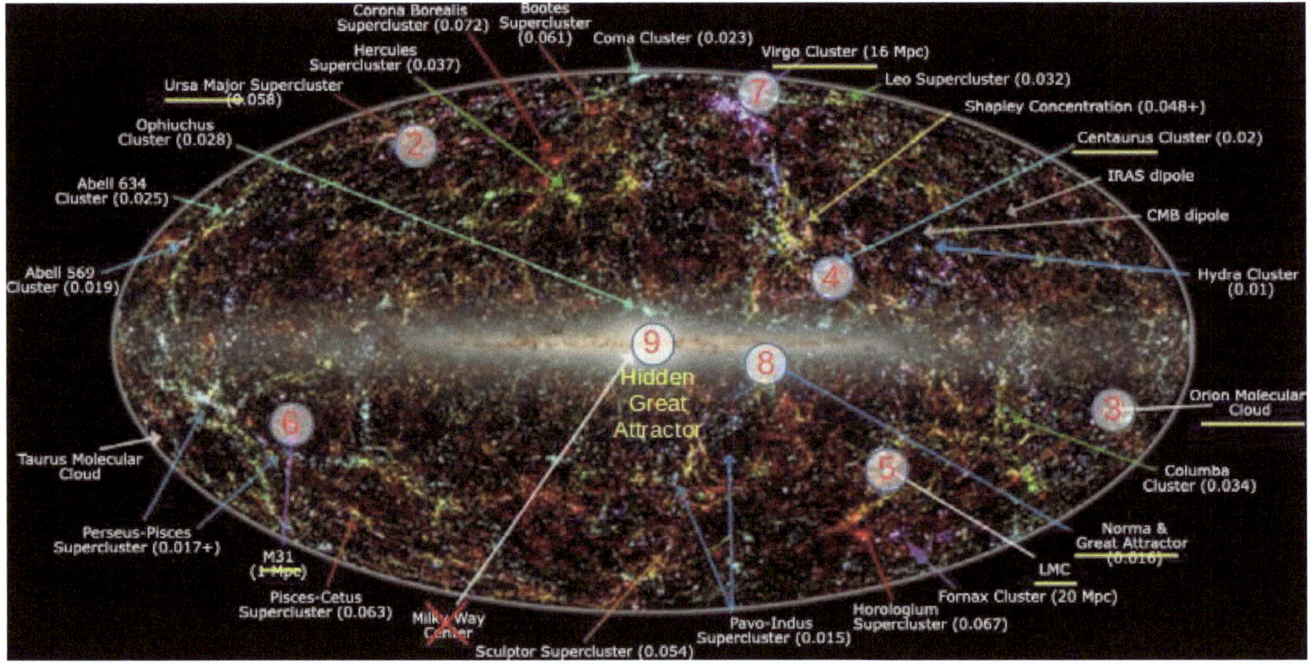

Prawdziwa Kosmiczna Hierarchia Układu Słonecznego nie może być oczywiście płaską strukturą; wypełnia ona całe niebo nad naszymi głowami. Dopiero w ciągu ostatnich kilku dekad astrofizyka obserwacyjna dostarczyła nam ogólnego obrazu nieba, ze wszystkimi obecnie widocznymi obiektami w całej skali wielkości. Jeden z takich obrazów NASA pokazuję tu powyżej [źródło: Wikipedia].

Odpowiednie nazwy poszczególnych poziomów Kosmicznej Hierarchii Układu Słonecznego można znaleźć na krawędzi obrazu (zaznaczyłem je na żółto), a numery poziomów na samym obrazie. Wielki Obłok Magellana ukryty jest pod skrótem LMC, a grupa Andromedy pod nazwą M31. Galaktyka Drogi Mlecznej w centrum, jak wspomniano powyżej, była jedynie iluzją, obiektem życzeniowym. Najwyższy poziom hierarchii jest ukryty w centrum obrazu. Doświadczeni astrofizycy mogą również dostrzec mosty energetyczne łączące poszczególne poziomy hierarchii w tym przedstawieniu nieba.

Dla nas, jako niespecjalistów, istnieją również bardziej wyraźne obrazy prawdziwych mostów energetycznych na niebie nad naszymi głowami. Jeden z takich obrazów, który robi na mnie największe wrażenie, pokazany jest powyżej. Jest to przykład mostu energetycznego poziomu 6, pomiędzy Wielkim Obłokiem Magellana (na prawym końcu mostu) a grupą galaktyk Andromedy (na lewym końcu mostu). Most ten został uchwycony w widmie wodoru na potrzeby tego zdjęcia. 337 tysięcy lat temu Układ Słoneczny, wraz z Ziemią i znajdującymi się na niej Naczelnymi, musiał przejść przez ten właśnie most. Zmiany klimatyczne, jakie to spowodowało dla życia na Ziemi, zmusiły niektóre grupy Naczelnych do ewolucji, a tym samym do stworzenia naszej Rodziny *Homo sapiens* (więcej na ten temat na innych stronach tej książki). Uważam, że to fantastyczne wrażenie, widzieć ślady tego ważnego wydarzenia tak wyraźnie na niebie. [Źródło zdjęcia: Wikipedia].

Przejście satelity stopnia n przez taki most energetyczny, który łączy satelitę z jego centrum ruchu stopnia n+1, oznacza około 100-krotny wzrost gęstości energii w obszarze, przez który satelita musi przejść. Po tym następuje okres odprężenia, a następnie dłuższy okres stabilizacji.

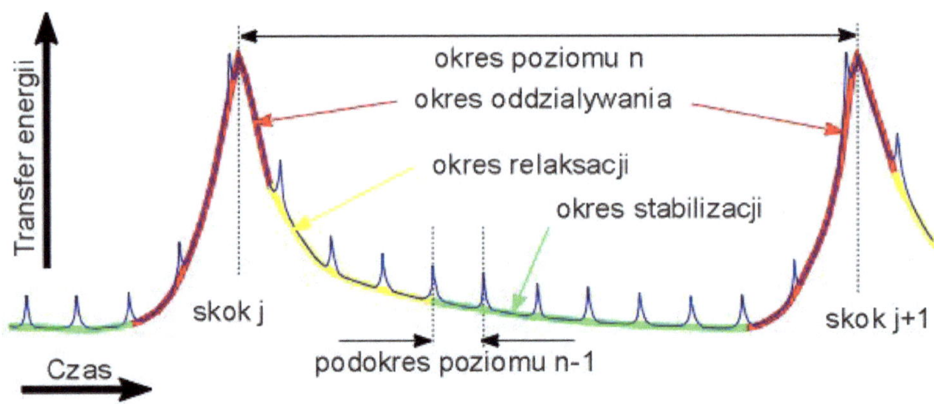

Ze względu na ten nagły wzrost transferu energii na powierzchnię satelity w intensywnej fazie każdego kolejnego okresu istnienia satelity, nazywam to przejście kosmicznym skokiem (a dokładniej - energetycznym skokiem kwantowym). Każdy pełny okres stopnia n jest zawsze podzielony na 12.1428 (por. notki do Tabeli I) podokresów stopnia n-1, z ich własnymi skokami kwantowymi, które jednak zawsze przekazują mniej energii o czynnik około 100. W praktyce oznacza to, że na krótko przed każdym skokiem kwantowym poziomu n, ma miejsce ostatni z 12 skoków kwantowych poziomu n-1. Wydłuża to również czas trwania niezwykle intensywnej fazy każdego skoku kwantowego. Należy o tym pamiętać analizując praktyczny czas trwania każdego kosmicznego skoku kwantowego.

Idea wewnętrznej dynamiki Hierarchii Kosmicznej naszego Układu Słonecznego zrodziła się właśnie z tych rozważań. Naturalne systemy zawsze wydają się być zorganizowane w określony sposób. Na każdym poziomie hierarchicznej struktury, jej podsystemy mają swoje źródło w centralnej masie, swego rodzaju "rdzeniu", i odpowiadających mu satelitach krążących wokół niego. Liczba satelitów na każdym poziomie jest również określona przez zasady kwantyzacji. Nowe fizyczne prawo niezakłóconego ruchu, które odkryłem jeszcze w latach 80-tych, wydaje się rządzić powstawaniem takich naturalnych układów kwantowych. Opiera się ono na "hierarchii" komponentów systemu:

W każdym bezkolizyjnym układzie fizycznym każdy młodszy podsystem zajmuje takie energetyczne miejsce w rozwijającym się układzie, w którym ten młodszy podsystem nie zakłóca energetycznie ruchu starszego podsystemu.

Innymi słowy, każdy młodszy podsystem dostosowuje się energetycznie do globalnej sytuacji energetycznej, którą napotyka jako nowy członek systemu. Ta prosta zasada wydaje się określać energetyczne miejsce każdego nowego członka w systemie. System może stawać się coraz większy i większy, ale "pierwotny" ruch wewnętrznych satelitów wokół ich centrów masy (rdzeni) pozostaje energetycznie niezakłócony podczas naturalnego procesu wzrostu.

5. Uniwersalna kosmiczna skala czasu

Starsi z nas są przyzwyczajeni do wizualizowania naszej codziennej skali czasu za pomocą zegara. Wskazówka godzinowa okrąża tarczę raz na dwanaście godzin, a wskazówka minutowa raz na godzinę. Ale co by było, gdyby nasz czas do wizualizacji, tak jak nasz Czas Kosmiczny w tej książce, był zdefiniowany za pomocą pojedynczego, hierarchicznego parametru skalującego, w naszym przypadku o wartości 12.1428? Jak możemy wizualizować taki zegar dla wszystkich okresów Hierarchii Kosmicznej jednocześnie? Jedna z możliwych form takiej reprezentacji jest pokazana na poniższym obrazku.

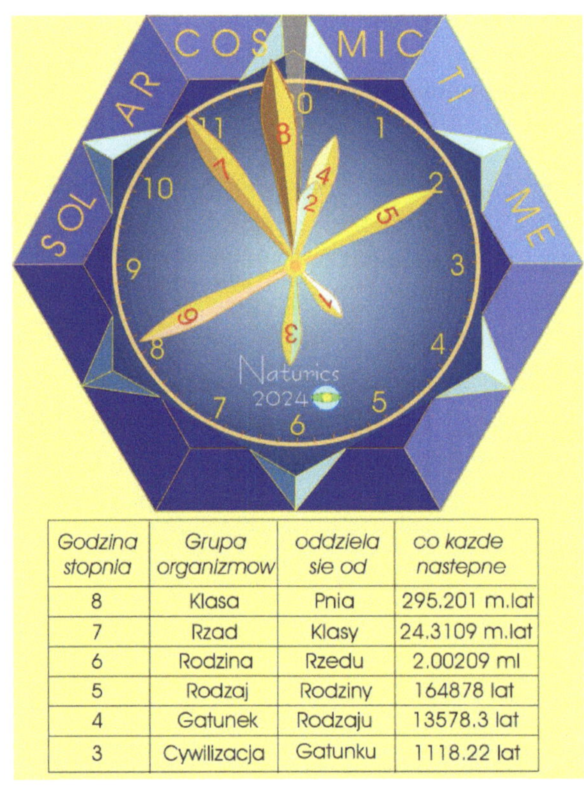

Godzina stopnia	Grupa organizmow	oddziela sie od	co kazde nastepne
8	Klasa	Pnia	295.201 m.lat
7	Rzad	Klasy	24.3109 m.lat
6	Rodzina	Rzedu	2.00209 ml
5	Rodzaj	Rodziny	164878 lat
4	Gatunek	Rodzaju	13578.3 lat
3	Cywilizacja	Gatunku	1118.22 lat

Zwróćmy uwagę na dodatkowy (szary) obszar tarczy zegara, pomiędzy godzinami 12 i 0, ponieważ współczynnik skalowania naszej Hierarchii Kosmicznej wynosi 12.1428 (a nie dokładnie 12, jak w zwykłym zegarze). Wskazówki od 1 do 8 pokazują przedziały czasowe jakie upłynęły do chwili obecnej (na rysunku rok 2024) od odpowiadających im skoków kwantowych poziomów od 1 do 8 hierarchii kosmicznej naszego Układu Słonecznego (patrz Tabela I). Największa wskazówka 8 wskazuje czas, jaki upłynął od ostatniego kosmicznego skoku kwantowego poziomu 9, który miał miejsce 3506.673 milionów lat temu. Jak widzimy, znajduje się ona obecnie blisko pozycji godziny 12, którą osiągnie za 35.739 milionów lat (patrz lewy obrazek poniżej). Pełny okres stopnia 9 trwa 3584.57 milionów lat. Godzina 0 etapu 8 zostanie zatem osiągnięta za 77.897 miliona lat (77.897 = 3584.57 - 3506.673). Wtedy zegar będzie wyglądał jak na obrazku po prawej.

Cosmic Time: in 35.739 My
The End of our present Solar System

Cosmic Time: in 77.897 My
Begining of the next Cosmic Hierarchy

Jednakże, gdy nasz Księżyc uformował się 3506.673 milionów lat temu, kosmiczny zegar wyglądał dokładnie tak samo. Poprzedni okres stopnia 9 dobiegł końca, a wskazówka godziny 8 znajdowała się na pozycji 0. Pojawienie się ssaków zajęło jedenaście pełnych godzin stopnia 8 (tj. 3.247 miliarda lat). Następnie minęło kolejne dziesięć godzin stopnia 7 (tj. 241 milionów lat), zanim na scenie życia pojawił się Rząd *Naczelnych* (z jego pierwszą Rodziną, prawdopodobnie *Ramapithecus*). I dopiero po kolejnych sześciu godzinach stopnia 6 (tj. po kolejnych 12 milionach lat) siódma Rodzina *Naczelnych*, rodzina *Australopithecus*, opuściła małpią linię ewolucyjną. Podejrzewam, że były to pierwsze stworzenia, które nauczyły się utrzymywać przy życiu naturalnie płonący ogień. To odkrycie pozwoliło im stawić czoła silniejszym wrogom. Były słabsze, ale inteligentniejsze. Ich następca, *Homo erectus*, był silniejszy, ale również potrzebował ochrony ognia (2 miliony lat później; porównaj dwa zdjęcia poniżej). Rodzina ta została pierwotnie nazwana *Homo erectus*, choć dziś jest częściej nazywana *Homo ergaster*, ponieważ według niektórych uczonych nazwa *Homo erectus* powinna być zarezerwowana dla azjatyckich przedstawicieli *Naczelnych*.

Birth of Family *Australopithecus*

Birth of Family *Homo erectus*

Następną godzinę stopnia 6 później (tzn. 336.5 tys. lat temu), w końcu pojawiła się nasza własna Rodzina *Homo sapiens*, z jej pierwszym Rodzajem *Homo sapiens Heidelbergensis*, którego jednak bardzo niewiele skamieniałości znaleziono do tej pory.

Cosmic Time: 0.3365 My ago
Birth of Family Homo sapiens

Cosmic Time: 0.1716 My ago
Birth of Genus Homo sapiens Neanderthalensis

Za każdym razem, gdy którakolwiek wskazówka naszego kosmicznego zegara wybija godzinę, wszystkie niższe (krótsze) wskazówki są zawsze ustawione na godzinę 0. Wskazówka 6 ostatni raz minęła pozycję godziny 8-ej 336500 lat temu. W tym momencie naszej kosmicznej historii wszystkie wskazówki od 1 do 5 wskazywały godzinę 0. Drugi Rodzaj naszej Rodziny jest nam znacznie lepiej znany; jest to Rodzaj *Homo sapiens Neanderthalensis*, który został "powołany" (lub zmuszony) do istnienia przez pierwszy skok kwantowy stopnia 5 z Rodziny *Homo sapiens* (porównaj lewy i prawy obrazek powyżej).

Od tego czasu wskaźnik 5 uderzył tylko raz, a było to zaledwie 6744 lata temu. Z energetycznego punktu widzenia, ten kosmiczny skok kwantowy stopnia 5 wciąż był tak ogromny, że do dzisiaj cierpimy z powodu jego konsekwencji (zobacz ponownie moją książkę "Uniwersalna Filozofia Życia"). W szczytowym momencie tego skoku kwantowego, wskazówka 4 również wskazywała godzinę 0. Od tego czasu wskazówka 3 wybiła swoją godzinę sześć razy; ostatnie uderzenie miało miejsce 1 listopada 1989 roku (patrz dolny diagram po lewej stronie). W momencie tego uderzenia wskazówka 4 była już w połowie swojej pierwszej godziny, co też zostało zasygnalizowane na tym obrazku. Gdy dojdzie ona do swojej godziny 1, będzie to moment końca naszego gatunku *Homo sapiens Sapiens* za 6834 lata (6834 = 13578 - 6744); por. prawy rysunek poniżej.

Gdybym więc zadał sobie trud odczytania aktualnej godziny z Kosmicznego Zegara w trakcie pisania tej książki, musiałbym powiedzieć, co następuje (*por. zegar na str. 32*): piszę to zdanie 24 lutego 2024 roku, czyli cztery i pół godziny poziomu 1 po godzinie 0 poziomu 2, po godzinie 6 poziomu 3, po godzinie 0 poziomu 4, po godzinie 2 poziomu 5, po godzinie 8 poziomu 6, po godzinie 10 poziomu 7, po godzinie 11 poziomu 8 aktualnej godziny poziomu 9. Brzmi to skomplikowanie. Jednak ta zapowiedź czasowa obejmuje cały przebieg życia na Ziemi i całą historię Układu Słonecznego, od wydarzenia, w którym powstał nasz Księżyc, do dzisiaj. W tym kontekście jest to najprostsza rzecz, jaką można powiedzieć, czyż nie?

Rozdział 2

Teoria globalnego klimatu Ziemi

1. Pierwotny układ słoneczny

Przede wszystkim musimy pozbyć się jednego błędnego przekonania tradycyjnej astrofizyki. Wręcz przeciwnie: **Słońce wraz z planetami nigdy nie mogło powstać jako pojedyncza gwiazda!**

Mówimy o formowaniu się Układu Słonecznego. Pominiemy wszystkie starożytne opisy tego procesu i od razu zaczniemy od wersji uznawanej dziś przez wszystkich naukowców. Według tej wersji Słońce powstało z kosmicznej chmury kosmicznego pyłu i gazu. Taka chmura zazwyczaj ma kształt dysku, podobnego do dysku dyskobola. Kształt ten jest wynikiem własnej rotacji dysku, co z kolei powinno być typowe dla wszystkich swobodnie unoszących się obiektów kosmicznych. Każda obracająca się, swobodnie unosząca się chmura ma w swoim centrum punkt, który nazywamy środkiem obrotu. Cała masa dysku obraca się wokół tego punktu (a dokładniej wokół osi przechodzącej przez ten punkt). I teraz robi się ciekawie. Do gry wkracza fizyczna siła przyciągania grawitacyjnego, zdefiniowana przez Izaaka Newtona w XVII wieku. Poszczególne "cząsteczki" pyłu i gazu przyciągają do siebie inne za pomocą tej siły. Ponieważ jednak większość "cząstek" jest rozproszona wokół środka obrotu (a nie na przykład wokół punktu na krawędzi dysku), cała masa chmury będzie stopniowo koncentrować się wokół osi obrotu. Powtórzmy: cała masa pierwotnego obłoku kosmicznego. Nie pozostanie żadna masa, z której mogłyby powstać jakiekolwiek inne obiekty (takie jak planety lub księżyce). Masa w centrum dysku staje się tak gęsta, że w pewnym momencie w centrum dochodzi do reakcji jądrowej. Rodzi się gwiazda. Tak właśnie i w żaden inny sposób nasze Słońce powinno było narodzić się jako pojedyncza gwiazda. Jednak głupie pytanie pozostaje pod dywanem: skąd pochodzi masa dzisiejszych planet i księżyców, o których wiemy, że krążą wokół Słońca? Bez względu na to, co można znaleźć jako odpowiedź na to pytanie w tekstach tradycyjnej nauki, nie może się ona zgadzać z prawem grawitacji Newtona. Pojedyncza gwiazda nie może mieć planet. Kropka. Głupio dla wszystkich tradycjonalistów, ale to prawda.

Zunifikowana nauka opowiada zupełnie inną historię o formowaniu się Układu Słonecznego. Nasze Słońce nie narodziło się jako pojedyncza gwiazda. Od samego początku miało towarzysza, którego pozostałości wciąż można zobaczyć w naszym Układzie Słonecznym i który nadal wpływa na ewolucję życia na Ziemi. Tego towarzysza pierwotnego Słońca nazywam gwiazdą Andrea.

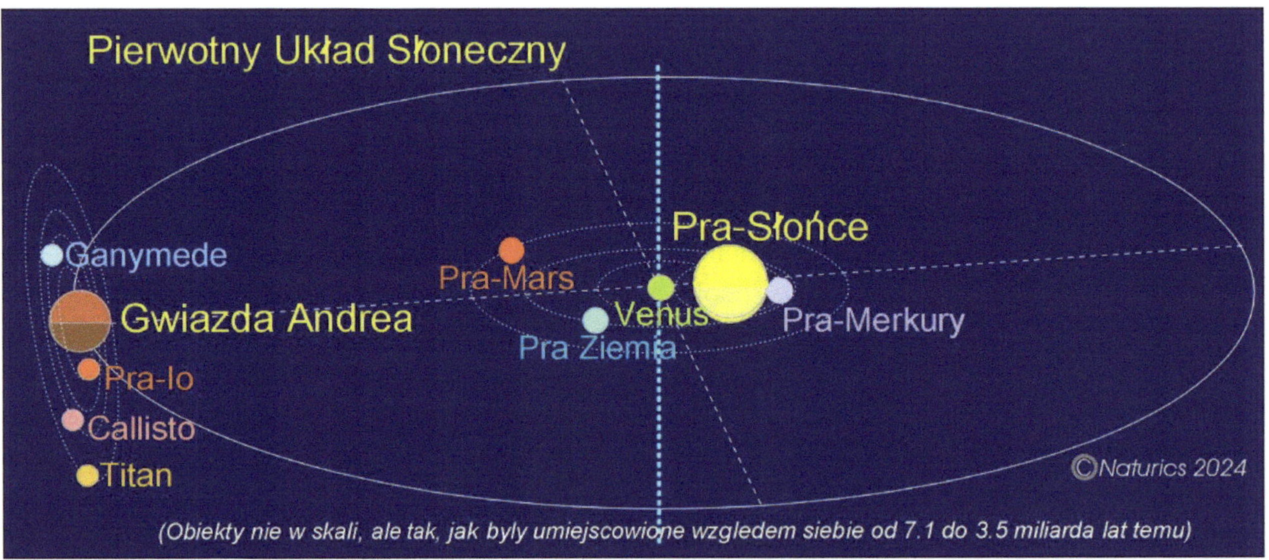

Nawiasem mówiąc, musimy również rozwiać drugie błędne przekonanie tradycyjnej astrofizyki: **"gazowe planety" Układu Słonecznego nie są planetami!** Można by romantycznie powiedzieć, że gwiazda Andrea poświęciła swoje życie, aby umożliwić ewolucję życia na Ziemi. W rzeczywistości, podczas największej kosmicznej katastrofy (stopnia 9), jakiej kiedykolwiek doświadczył nasz Układ Słoneczny, gwiazda Andrea została rozbita. Jednak z jej szczątków, wraz z odpowiednio zmniejszonym Słońcem, powstał dzisiejszy Układ Słoneczny. Dawne jądro gwiazdy Andrea to dzisiejszy Jowisz. Saturn jest pozostałością po obiekcie atakującym gwiazdę Andrea. Uran i Neptun to dwie prostopadle do siebie obracające się "chmury dymu" z tej katastrofy. Jednak większość dawnej masy gwiazdy Andrea (około 17 mas Jowisza) nadal towarzyszy Słońcu wzdłuż tak zwanego pasa Kuipera jako jego Ciemny Towarzysz. Tylko nasz rozszerzony układ dwóch gwiazd pozwala na istnienie ośmiu orbit kwantowych dla czterech "planet skalistych" i czterech "planet gazowych" dzisiejszego Układu Słonecznego.

2. Formowanie się dzisiejszego Ukladu Słonecznego

Podczas kataklizmu 3507 milionów lat temu, Saturn, który wciąż ścigał jądro gwiazdy Andrea (dzisiejszy Jowisz), rozerwał pierwotnego Marsa, gdy sam przechodził przez centrum Układu Słonecznego. Największy fragment pierwotnego Marsa po tym rozboju został wysłany w kierunku pierwotnej Ziemi i po pewnym czasie faktycznie się o nią otarł. Na szczęście nie było to zderzenie centralne, w przeciwnym razie żaden z tych dwóch obiektów nie przetrwałby tego spotkania. To zderzenie dało początek trzem nowym ciałom: dzisiejszej Ziemi, naszemu dużemu Księżycowi i dzisiejszemu Marsowi, żałosnemu kawałkowi, który pozostał z niegdyś podobnego do Ziemi pierwotnego Marsa. To "spotkanie" miało miejsce w odległości od Słońca, która była o jedną trzecią większa niż odległość między Ziemią a Słońcem dzisiaj. Tam, 50 milionów kilometrów dalej niż obecnie (w odległości 1.368 AU; jednostek astronomicznych), znajdowała się pierwotna pozycja pierwotnej Ziemi na jej skwantowanej orbicie w pierwotnym Układzie Słonecznym. Ponieważ reszta pierwotnego Marsa przybyła na pierwotną Ziemię z zewnątrz jej orbity, nowy układ binarny Ziemia-Księżyc doświadczył pchnięcia w kierunku centrum Układu Słonecznego. Od tego czasu odległość między Ziemią a Słońcem powoli, ale stale maleje. Obecnie wynosi ona 1 AU. Mars, który jest znacznie lżejszy, został oczywiście odepchnięty w przeciwnym kierunku i obecnie znajduje się w średniej odległości 1.524 AU od Słońca. Wenus naturalnie pozostaje w centrum

Układu Słonecznego, gdzie nadal znajduje się środek masy pierwotnego obłoku, z którego 7.1 miliarda lat temu uformował się pierwotny Układ Słoneczny.

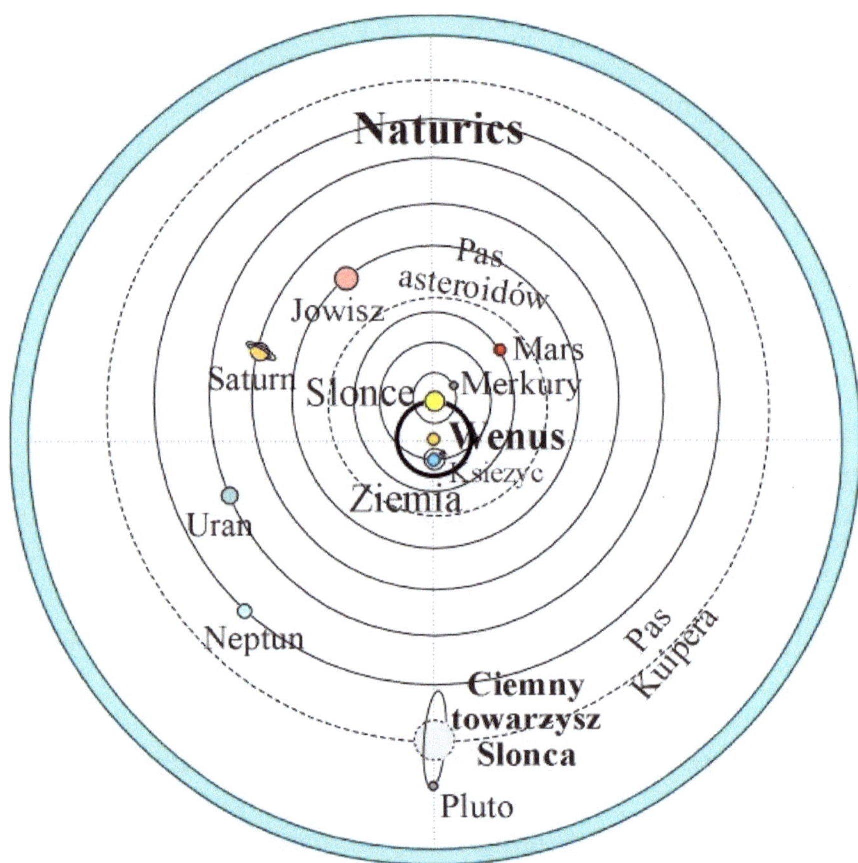

Słońce krąży więc wokół Wenus, a nie odwrotnie. I nawet Ziemia nie może krążyć wokół Słońca po elipsie tak spokojnie (i nudno), jak uczyliśmy się tego w szkole. Prawdziwa orbita Ziemi w dzisiejszym Układzie Słonecznym to (prawie) idealna rozeta, jak pokazuje poniższy diagram.

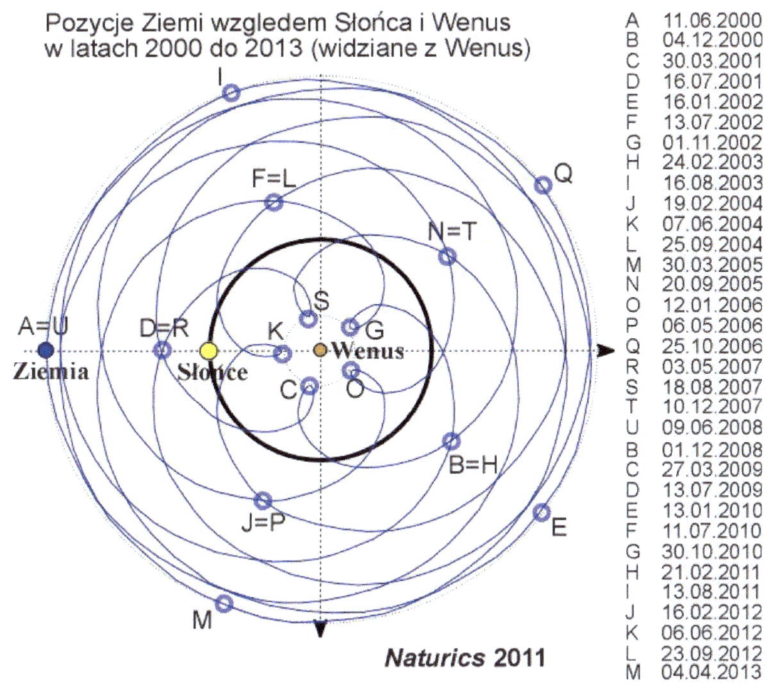

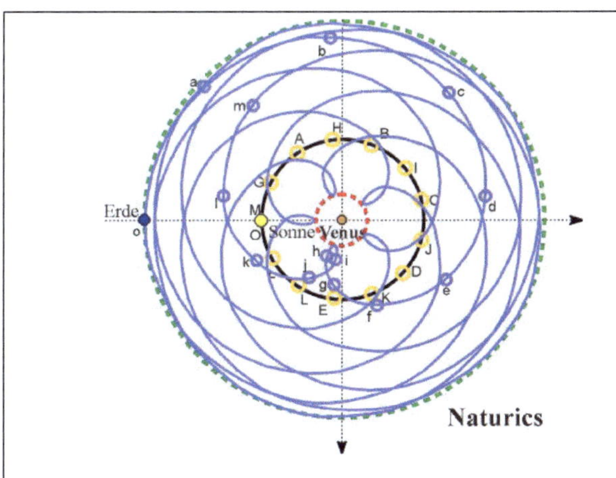

Słońce krąży wokół Wenus (na czarnej orbicie). Odległość Ziemi od Słońca (w skali diagramu) również pozostaje stała. Porównaj odległości par punktów a-A, b-B, c-C itd. W ciągu (niecałych) ośmiu lat Ziemia pięciokrotnie zbliża się do Wenus (na odległość mniejszą niż 0.3 AU). Odsuwa się również od niej pięć razy do około 1.7 AU, aby umożliwić Słońcu przejście między nią a Wenus.

3. Krótka historia ludzkości

Zgodnie z Uniwersalną Skalą Czasu, po rozpoczęciu obecnego okresu stopnia 9 nastąpiły kolejne wydarzenia stopnia 8, w odstępie 295.201 mil. lat. Te okresy poziomu 8 doprowadziły zatem do następujących **teoretycznych** "kroków" w historii Ziemi. Rozpoczęły się one, w kolejności, przed:

3506.673 mil. lat; Archaean Eon; pojawił się pień *Kręgowców (Vertebrata)*;
3211.472 mil. lat;
2916.271 mil. lat;
2621.070 mil. lat; Eon Proterozoiczny;
2325.869 mil. lat;
2030.668 mil. lat;
1735.467 mil. lat;
1440.266 mil. lat;
1145.065 mil. lat;
849.864 mil. lat;
554.663 mil. lat; Paleozoik;
259.462 mil. lat; Mezozoik.

Tradycyjnie ustalony koniec ery mezozoicznej miał miejsce 64.975 milionów lat temu i był spowodowany kosmicznym wydarzeniem poziomu 7, któremu najwyraźniej towarzyszyło ostateczne wyginięcie dinozaurów. Jednak obecny Kenozoik należy do tego samego, wciąż trwającego stopnia 8 Hierarchii Kosmicznej. Zakończy się on za 35.739 mil. lat (= 295.201-259.462 mil. lat), a cały okres stopnia 9 zakończy się za 77.897 mil. lat (= 3584.559 - 3506.673 mil. lat).

Zwróćmy tutaj koniecznie uwagę. że posługujemy się w naszym wyliczaniu również tradycyjnymi geologicznymi nazwami poszczególnych okresów ziemskiej historii. Niemniej jednak wszystkie nasze daty, rozgraniczające poszczególne okresy, są precyzyjnie obliczonymi "punktami" czasu naszej Universalnej Skali Czasowej. Ewidentna zgodność tych teoretycznych dat z najlepszymi obserwacjami geologów i paleontologów potwierdza poprawność całej naszej idei Kosmicznej Hierarchii Układu Słonecznego.

Spójrzmy teraz o jeden poziom głębiej, na dwa młodsze okresy poziomu 8. Poszczególne kolejne okresy poziomu 7 naszej historii Ziemi (z czasem trwania 24.3109 mil. lat; por. ponownie Tabelę I) podczas okresu Paleozoiku, rozpoczęły się przed:

554.663 mil. lat; Kambr;
530.352 mil. lat;
506.041 mil. lat; Ordowik;
481.731 mil. lat;
457.420 mil. lat;
433.109 mil. lat; Sylur;
408.798 mil. lat; Dewon;
384.487 mil. lat;
360.176 mil. lat; Karbon;
335.865 mil. lat;
311.554 mil. lat;
287.241 mil. lat; Perm;
262.932 mil. lat.

Okresy stopnia 7 Mezozoiku i Kenozoiku rozpoczęły się przed:

259.462 mil. lat; Trias; klasy *Dinozaurów* i *Ssaków*;
235.151 mil. lat;
210.840 mil. lat; Jura;
186.530 mil. lat;
162.219 mil. lat;
137.908 mil. lat; Kreda;
113.597 mil. lat;

89.286 mil. lat;

64.975 mil. lat; Kenozoik; Trzeciorzęd-Paleogen;

40.664 mil. lat;

16.353 mil. lat; Trzeciorzęd-Neogen; moment pojawienia się *Naczelnych (Prymatów).*

Przyjrzyjmy się teraz podokresom obecnego (jeszcze nie zakończonego) okresu 7, tradycyjnie określanego jako Trzeciorzęd-Neogen. Jest to okres życia naszego Rzędu *Naczelnych.* Kończy się on za 7.958 mil. lat. Okresy stopnia 6 (o długości 2.00209 mil. lat), które podzieliły Rząd *Naczelnych* (*Prymatów*) na kolejne Rodziny organizmów, rozpoczęły się przed:

16.3532 mil. lat; Rząd *Prymatów*; pierwsza Rodzina tego Rzędu (być może *Ramapithecus*);

14.3511 mil. lat; kolejna (niezidentyfikowana) Rodzina tego Rzędu;

12.3490 mil. lat; - " -;

10.3469 mil. lat; - " -;

8.3448 mil. lat; - " -;

6.3427 mil. lat; - " -;

4.3407 mil. lat; pojawiła się Rodzina *Australopiteków*;

2.3386 mil. lat; Czwartorzęd; Dolny Plejstocen; pojawienie się Rodziny *Homo erectus*;

0.3365 mil. lat; Środkowy Plejstocen; pojawienie się Rodziny *Homo sapiens.*

Następnie spójrzmy o jeden poziom głębiej, na obecny okres stopnia 6, tradycyjnie znany jako Plejstocen, który kończy się za 1.6656 mil. lat. W tym stosunkowo niedawnym okresie nasza Rodzina *Homo sapiens* zaczęła dzielić się na kolejne Rodzaje. Odpowiednie trzy poprzednie okresy stopnia 5 (z czasem trwania 164878 lat) rozpoczęły się:

336501 lat temu; Rodzaj *Homo sapiens Heidelbergensis* ;

171623 lat temu; Górny Plejstocen; Rodzaj *Homo sapiens Neanderthalensis*;

6744 lat temu; Holocen; inicjator "potopu"; Rodzaj *Homo sapiens Sapiens.* Ten okres naszego Rodzaju zakończy się za 158131 lat.

Zwróćmy uwagę na jedno z najbardziej ekscytujących (i ważnych) odkryć Ujednoliconej Fizyki:

> Nasz własny Rodzaj *Homo sapiens Sapiens* nie
> mógł wyłonić się wcześniej niż 6744 lata temu.

W konsekwencji, nasz własny Gatunek, który dziś zaludnia całą Ziemię, nie może być starszy niż 6744 lata (jeśli mamy teraz rok 2024). Wszystkie klasyfikacje genealogiczne muszą uwzględniać tę nową świadomość. Po tym niedawnym kosmicznym skoku kwantowym na poziomie 5 najprawdopodobniej nastąpiła globalna "powódź" na Ziemi. Wynikające z tego masowe wymieranie (ostatnich, częściowo gigantycznych Neandertalczyków i tak zwanej "wielkiej fauny") nie zostało jeszcze zakończone w naszych czasach; jesteśmy pierwszym gatunkiem ocalałym z tego niedawnego skoku, bez naturalnej gwarancji dalszej ewolucji. Na szczęście nasze przeznaczenie wydaje się być dziś bardziej w naszych własnych rękach, niż w jakichkolwiek wcześniejszych regularnych wydarzeniach Kosmicznej Hierarchii. Zastanawiam się, czy jesteśmy już wystarczająco mądrzy i doświadczeni, aby wziąć odpowiedzialność za przyszłą ewolucję naszej niebieskiej planety w nasze własne ręce (i mózgi). Przedstawiona tutaj Kosmiczna Skala Czasu umieszcza to niezwykłe zadanie we właściwej perspektywie stuleci i tysiącleci.

Na koniec rozważmy dokładniej niedawny kosmiczny skok kwantowy poziomu 5, który umożliwił bezpośrednią ewolucję naszego własnego Rodzaju *Homo sapiens Sapiens* z Rodzaju *Homo sapiens Neanderthalensis*. Jesteśmy niejako naturalnym "przedłużeniem" życia Rodzaju Neandertalczaków. Przyjrzyjmy się zatem całemu przedostatniemu okresowi stopnia 5, czyli okresowi życia naszego bezpośredniego poprzednika: Rodzaju *Homo sapiens Neanderthalensis*. W okresach stopnia 4 (trwających każdorazowo 13578.3 lat) tego całego okresu stopnia 5 (tradycyjnie określanego jako Górny Plejstocen) "narodziło sie" dwanaście kolejnych Gatunków Neandertalczyków. Rozpoczęły one swoje istnienie:

171623 lat temu; pierwszy Gatunek Rodzaju *Homo sapiens Neanderthalensis*;
158045 lat temu; drugi taki Gatunek;

144467 lat temu; następny taki Gatunek;

130888 lat temu; - "-;

117310 lat; - "-;

103732 lat; - "-;

90153 lat; - "-;

76575 lat; - "-;

62997 lat; - "-;

49418 lat; - "-; Krater Barringer w Arizonie, jako przykład wydarzenia wymuszającego kolejny
skok ewolucji Rodzaju Neandertalczyków;

35840 lat; - "-; Pojawienie się kultury *Cro-Magnon*;

22262 lat; dwunasty Gatunek Rodzaju *Homo sapiens Neanderthalensis*;
w naszej chronologii Ujednoliconej Nauki nazwany *Regularnymi Atlantami*;

8683 lata; trzynasty (nie w pełni rozwinięty) Gatunek Rodzaju *Homo sapiens
Neanderthalensis*; w naszej Chronologii Ujednoliconej Nauki nazwany
Ewolucyjnymi Atlantami.

Przyjrzyjmy się teraz bliżej ostatnim 12 tysiącom lat historii Ziemi. Przyjrzyjmy się najpierw obec-
nemu okresowi stopnia 4. Kończy się on za 6834 lata. Okresy stopnia 3 (ewolucyjne Cywilizacje,
trwające 1118.22 lata każda) rozpoczęły się:

6744 lata temu (4720 p.n.e.): Pierwszy (i dotychczas jedyny) Gatunek naszego Rodzaju *Homo
sapiens Sapiens* i pierwsza "wielka" Cywilizacja naszego Gatunku,
nazwana w naszej chronologii Ujednoliconej Nauki jako Ocalałych z
Atlantydy;

5625 lata temu (3601 p.n.e.); druga "wielka" Cywilizacja naszego Gatunku (jak starożytny Egipt);

4507 lat temu; (2483 p.n.e.); trzecia "wielka" Cywilizacja naszego Gatunku (jak Nowy Egipt);

3389 lat temu (1365 p.n.e.); czwarta "wielka" Cywilizacja naszego Gatunku (np. Grecy);

2271 lat temu (247 p.n.e.); piąta "wielka" Cywilizacja naszego Gatunku (np. Rzymianie);

1153 lata temu (872 n.e.); szósta "wielka" Cywilizacja naszego Gatunku (np. Średniowieczna
Cywilizacja w Europie);

34 lata temu (1989.8 n.e); siódma "wielka" Cywilizacja naszego Gatunku (nasza Pierwsza Globalna Cywilizacja). Teoretycznie zakończy się ona w roku 3108, i ustąpi miejsca następnej (ewolucyjnej) Cywilizacji ludzkości - jeśli my wcześniej nie zrujnujemy jej tej szansy.

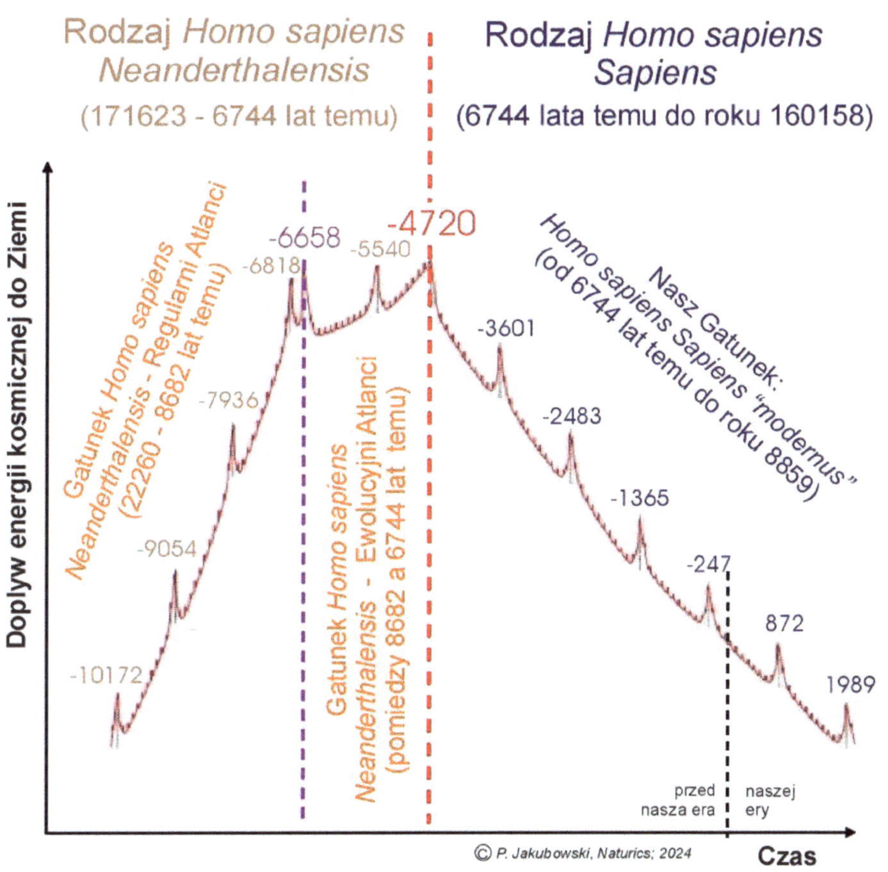

Zauważmy, że nasze teoretyczne "etapy życia" zawsze zaczynają i kończą się ekstremalnie ciepłym okresem związanym ze skokiem kwantowym na odpowiednim poziomie Hierarchii Kosmicznej.

Ochłodzenie powierzchni Ziemi zawsze następuje mniej więcej w połowie danego okresu. Może to być powodem pewnych niewielkich różnic między naszymi teoretycznymi okresami Kosmicznej Skali Czasu a tradycyjnie stosowanymi czasami obserwacyjnymi, określonymi od jednego zimnego okresu do następnego.

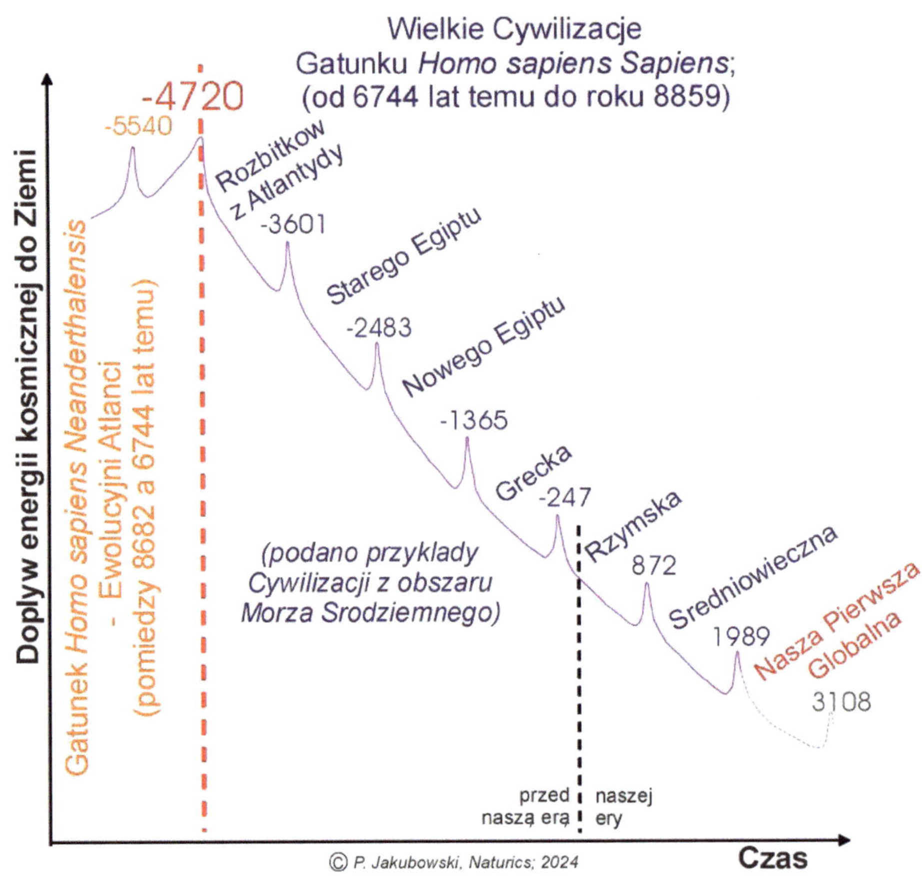

4. Transfer energii kosmicznej do Ziemi

Past Temperatures Directly
from the Greenland Ice Sheet
D. Dahl-Jensen,* K. Mosegaard, N. Gundestrup, G. D. Clow,
S. J. Johnsen, A. W. Hansen, N. Balling
9 OCTOBER 1998 VOL 282 SCIENCE www.sciencemag.org

pp. 268-271

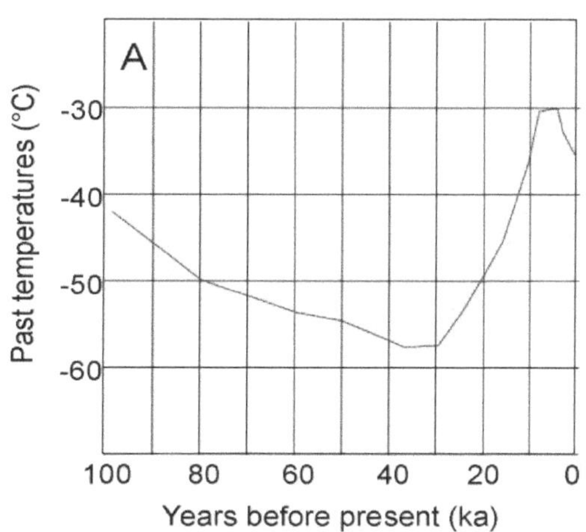

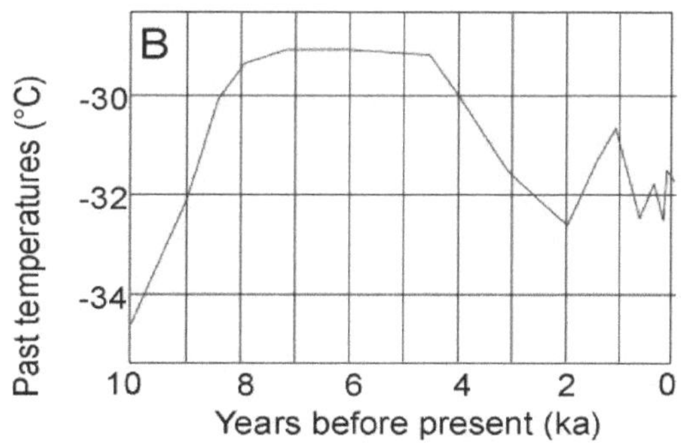

Średnią globalną temperaturę na Ziemi w ciągu ostatnich stu tysięcy lat można obecnie bardzo wiarygodnie określić na podstawie badań lodowców na Grenlandii i Antarktydzie. Bezpośrednia obserwacja struktury pokrywy lodowej na Grenlandii, największego lodowca na półkuli północnej, stanowi jeden z najbardziej imponujących przykładów jakościowego i ilościowego dowodu poprawności naszej koncepcji kosmicznych skoków kwantowych. Wyniki tej obserwacji, przerysowane na powyższym diagramie zgodnie z pracą Dahl-Jensen et al. (patrz notatkę nad rysunkiem), pokazują rzeczywisty najpierw spadek, a następnie wzrost energii kosmicznej przekazywanej na Ziemię podczas ostatniej fazy ostatnich 100 000 lat globalnego zlodowacenia półkuli północnej. Część B diagramu powiększa ostatnie 10 000 lat obserwacji. Jeśli porównamy tę część B obserwacji z naszymi teoretycznymi szacunkami w poprzednim punkcie, moglibyśmy nawet przeliczyć całkowity transfer energii bezpośrednio na zwykle omawiane zmiany temperatury. Jednak obserwacje te zostały wykonane dla pojedynczego miejsca na powierzchni Ziemi (Grenlandia), więc wartości te z pewnością nie są ważne globalnie. Ponadto z naszej teorii wiemy, że skoki kwantowe stopnia 3 są dziesięć tysięcy razy mniej energetyczne niż bezpośrednio obserwowany skok poziomu 5, co jest powodem, dla którego skoki poziomu 3 nie mogły być wizualizowane na diagramie obserwacyjnym Dahl-Jensena i in.

Musimy również zadać sobie pytanie, w jakiej formie energia, o której tu mówimy, dociera do Ziemi. Z pewnością nie są to żadne bezmasowe cząstki, takie jak tradycyjnie rozważane fotony, ponieważ zunifikowana fizyka w ogóle nie dopuszcza takich cząstek bez masy. Wszystkie fizyczne właściwości rzeczywistych obiektów są ze sobą wyraźnie powiązane. Zerowa wartość jakiejkolwiek właściwości jest zatem czystą iluzją, niemożliwą do zrealizowania w Naturze. Kwanty energii kosmicznych mostów energetycznych, o których tutaj mówimy i myślimy, to prawdopodobnie tylko obszary skondensowanego kosmicznego pyłu i gazu w przypadku niższych poziomów Hierarchii Kosmicznej, ale w przypadku poziomów wyższych niż 3 są to takie "pakiety" energii jak asteroidy, komety, gwiazdy, galaktyki, a nawet gromady galaktyk. Kometa Shoemaker-Levy 9, która zderzyła się z Jowiszem w 1994 roku, była tylko jednym ze zwiastunów nasilającego się transferu energii do naszego Układu Słonecznego (por. *Podsumowanie*).

5. Zmiana klimatu jako zmiana w transferze energii do Ziemi

Kosmiczna Hierarchia Układu Słonecznego jest energetyczną strukturą Wszechświata, w której gęstość energii nie jest izotropowa. Oznacza to, że gęstość energii w danym regionie nigdy nie jest identyczna z gęstością energii w sąsiednim regionie. Struktura ta jest również dynamiczna, co oznacza, że jej elementy (członkowie hierarchii) nigdy nie stoją w miejscu; nieustannie poruszają się względem siebie. Z tego powodu od czasu do czasu dochodzi do kosmicznych uderzeń w różne obiekty Układu Słonecznego. Zasadniczo jednak to te obiekty Układu Słonecznego taranują inne obiekty podczas "migracji" układu przez przestrzeń kosmiczną, uszkadzając je, a tym samym same doznając uszkodzeń. Poza takimi katastrofalnymi spotkaniami, gęstość energii w przestrzeni kosmicznej nigdy nie jest izotropowa, więc jedyną stałą właściwością transferu energii na Ziemię jest jej niestabilność. Dokładnie to samo zaobserwowano już o zarania dziejów w przypadku klimatu ziemskiego. Klimat zawsze się zmienia i nigdy nie pozostaje stabilny przez lata i dziesięciolecia. **Klimat Ziemi zmienia się tak często i tak intensywnie, jak gęstość energii obszaru, przez który w danym momencie porusza się nasza Ziemia.**

Aby zrekonstruować przeszły klimat Ziemi, lub przewidzieć go na przyszłość, musimy jedynie obserwować nasz tor w przestrzeni kosmicznej w pożądanym okresie czasu, i zsumować wszystkie najważniejsze czynniki, które wpływają na gęstość energii tego regionu. To jest nasze zadanie w następnej części tej książki.

<u>Część 2</u>

Kompletne obliczenia względnych zmian w transferze energii kosmicznej do Ziemi

Obecne zmiany klimatu są faktem. Zmiana klimatu w dowolnym momencie jest faktem. Czy to czyni je kryzysem? Właściwie powinniśmy być do tego przyzwyczajeni. Jaki jest sens ogłaszania, że obecna zmiana klimatu jest najgorszą katastrofą, jaka dotknęła nas, ludzi, w tym tysiącleciu? Właściwie niewielki. Zwiększa to tylko niepewność większości ludzi, którzy nie mają możliwości znalezienia niezależnej oceny sytuacji. Ale ta niepewność może być dodatkowo podsycana przez strach, a nawet czystą panikę, jeśli ludzie są przekonywani, że sami są winni tej katastrofy. Wtedy żadne metody, a przede wszystkim żadne pieniądze, nie będą oszczędzane, aby coś z tym zrobić. Niezależnie od tego, czy sprzedaje się ropę, gaz, węgiel czy broń, w czasie kryzysu wszystko sprzedaje się znacznie łatwiej. Niepewni ludzie to tolerują. Aby wzmocnić stan niepewności, gromadzi się zatem tysiące "ekspertów", którzy udają konsensus i potwierdzają autentyczność kryzysu. Odwołują się oni do przytłaczającej większości zaangażowanych osób, które mają do dyspozycji największe komputery na świecie i które (o dziwo!) muszą jedynie dojść do wcześniej nakreślonych wniosków. Twierdzi się, że tylko ta dobrze poinformowana większość dostarcza "solidnych argumentów i wyników badań nad klimatem Ziemi". W niniejszym rozdziale tej książki podaję właśnie takie solidne wyniki, które, wbrew poularnemu poglądowi, każdy może łatwo zrozumieć i prześledzić z pomocą domowego laptopa. Jedynym problemem jest to, że wyniki te jasno pokazują, że nie mamy żadnego kryzysu klimatycznego! To tylko naturalna, okresowa zmiana klimatu. I co teraz?

Rozdział 3

Naturics-model globalnej zmiany klimatu

1. Idea

Wszechświat jest skwantowany. Wszyscy członkowie Kosmicznej Hierarchii Układu Słonecznego są zaangażowani we względne ruchy względem siebie. Ziemia jest tylko jednym z nich. Co więc musimy zrobić, aby obliczyć zmiany w klimacie Ziemi? Musimy zidentyfikować najważniejszych innych członków Kosmicznej Hierarchii, którzy wpływają na zmiany gęstości energii w regionie przestrzeni, przez który Ziemia musi przejść w danym okresie czasu. Pomysł kwantyfikacji poszczególnych orbit wybranych obiektów fizycznych pomaga nam również w obliczaniu energii poszczególnych elektronów w atomach i cząsteczkach. Wszystkie elektrony w atomie lub cząsteczce dostarczają taką samą ilość energii. Wszystkie elektrony atomu lub cząsteczki w równym stopniu przyczyniają się na przykład do całkowitego ładunku atomu lub cząsteczki, niezależnie od ekspansji ich orbit. Mając to na uwadze, identyfikujemy teraz ważnych, bliskich i dalekich, sąsiadów Ziemi i próbujemy obliczyć, jak całkowita zmiana gęstości energii wokół Ziemi może zmieniać się w czasie.

Aby przeprowadzić odpowiednie obliczenia w praktyce, używam mojego laptopa, z programem kalkulacyjnym "LibreOffice Calc", jak i moich definicji Kosmicznej Hierarchii Układu Słonecznego (Tabela I). To wszystko, czego potrzebuję, aby przedstawić moje **dobrze uzasadnione argumenty i wyniki badań nad klimatem Ziemi**.

2. Demonstracja obliczeń: pierwsze kroki

Pierwszym krokiem w obliczeniach było podjęcie decyzji o długości okresu czasu, dla którego chciałem przeprowadzić obliczenia. Dla mojego pierwszego odpowiedniego komputera w latach 90-tych wybrałem długość 200 cykli słonecznych (od -130 do +70), tj. 2162.5 (= 200 * 10.81254) lat.

Drugim krokiem było podjęcie decyzji, które okresy kosmiczne należą do obiektów kosmicznych, które mogą najsilniej wpływać na przepływ energii do Ziemi. Było dla mnie oczywiste, że Jowisz (ze swoim idealnym okresem 10.81254 lat) powinien mieć najsilniejszy wpływ; nie dlatego, że jest najbliżej Słońca, ale dlatego, że jest dawnym jądrem gwiezdnego towarzysza Słońca, gwiazdy Andrea. Następnie Saturn, który ma decydujący wpływ na obecne ruchy Jowisza. Następnie pojawia się pozostała masa gwiazdy Andrea, którą teraz nazywam ciemnym towarzyszem. W ten sposób opuszczamy dzisiejszy Układ Słoneczny i przechodzimy do Hierarchii Kosmicznej (por. Tabela I). Teoretyczny okres poziomu 2, wynoszący 92.0896 lat, jest nawet krótszy niż okres ciemnego towarzysza, który znamy z ruchu Plutona wokół Słońca (Wenus) (247.19 lat). Najdłuższym okresem, który wciąż bierzemy pod uwagę, jest okres poziomu 3 Kosmicznej Hierarchii (o długości 1118.228 lat), który nazwałem przed laty prowizorycznie Minigalaktyką Oriona (stąd skrót OLMG).

Trzecim krokiem przed obliczeniami było określenie roku początkowego dla wszystkich tych okresów. Metoda obliczeń nie zmieniła się od czasu mojej pierwszej próby. Dostosowałem jednak rok początkowy okresu poziomu 3 do późniejszych rozważań i odkryć, tak że obecnie przypomina on kosmiczne przeskoki z naszej Uniwersalnej Skali Czasu (por. rozdział 2.3). Reszta obliczeń jest wykonywana przez sam komputer, w ciągu kilku sekund i dokładnie według instrukcji, które zestawiamy w następnym punkcie w Tabeli II.

3. Demonstracja obliczeń: dokładne instrukcje

Tabela II. Instrukcje obliczania globalnego transferu energii zgodnie z modelem *Naturics* pomiędzy latami 347 i 2569

Kolumna		Wartość początko-wa	Status	Funkcja obliczeniowa[1]	Następna operacja	Notka
Znak	Opis					
A	Nr	A8= -1040	zadany	A9 = A8+1	wypełnić do dołu	a
B	Year	B8= 347,130	zadany	B9 = B8+1,3515675	wypełnić do dołu	b
C	Jupiter	C8= 347,794	zadany	C9 = WENN(ABS(C8-B9)<= 5,40627;C8;C8+10,81254)	wypełnić do dołu	c
D	Saturn	D8= 339,510	zadany	D9 = WENN(ABS(D8-B9)<= 14,729;D8;D8+29,458)	wypełnić do dołu	d
E	LGS	E8= 305,94	zadany	E9 = WENN(ABS(E8-B9)<= 46,0448;E8;E8+92,0896)	wypełnić do dołu	e
F	DC	F8= 258,670	zadany	F9 = WENN(ABS(F8-B9)<= 123,595;F8;F8+247,19)	wypełnić do dołu	f
G	OLMG	G8= 871,62	zadany	G9 = WENN(ABS(G8-B9)<= 559,114;G8;G8+1118,228)	wypełnić do dołu	g
H	Jup-M.	H8= 0,8772	liczony	H8 = 1-ABS((C8-B8)/5,40627)	wypełnić do dołu	h
I	Sat-M.	I8= 0,4827	liczony	I8 = 1-ABS((D8-B8)/14,729)	wypełnić do dołu	i
J	LGS-M.	J8= 0,3373	liczony	J8 = 1-ABS((E8-B8)/46,0448)	wypełnić do dołu	j

---

1   Używałem program: LibreOffice Calculation.

K	DC-M.	K8= 0,2843	liczony	K8 = 1-ABS((F8-B8)/123,595)	wypełnić do dołu	k
L	OL-M.	L8= 0,2075	liczony	L8 = 1-ABS((G8-B8)/559,114)	wypełnić do dołu	l
M	Total	M8= 2,1889	liczony	M8 = H8+I8+J8+K8+L8	wypełnić do dołu	m
N	Scale	N8= 4,518	liczony	N8 = MAX(M8:M1652)	N9 = N8; wypełnić do dołu	n
O	Cycle	O8= -130,00	liczony	O8 = A8/8	O9 = A9/8; wypełnić do dołu	o
P	Year	P8= 347	zadany	P8 = B8	wypełnić do dołu	p
Q	Rel.	Q8= 48,4	liczony	Q8 = 100*M8/N8	wypełnić do dołu	q
R	Aver.	R8= 34,6	liczony	R8 = SUMME(Q4:Q12)/9	wypełnić do dołu	r

Notki:

a) Wartość początkowa została wybrana tak, że przy 8 krokach na cykl zaczynamy obliczenia w tym roku, w którym cykl Jowisza-Słońca osiągnął wybraną wartość -130 (-130*8 = -1040).

b) Zaobserwowany rzeczywisty cykl numer 20 plam słonecznych osiągnął swoje maksimum około Nowego Roku 1969, który ja również przyjąłem jako punkt początkowy 20-go cyklu *Naturics* dla Jowisza i Słońca. Idąc od tego punktu 150 razy w przeszłość przez teoretyczną długość mojego cyklu wynoszącą 10.81254 lat, dotarłem do roku 347.13 dla teoretycznego początku cyklu -130; długość jednego kroku obliczeń wynosi przy tym: 1.3515675 = 10.81254 / 8.

c) Wybierany jest jeden z dwóch końców każdego następnego cyklu Jowisz-Słońce, w zależności od tego, który z nich ma mniejszą różnicę czasu z bieżącym rokiem obliczeń. W ten sposób czas wpływu Jowisza na obliczany transfer energii zmienia się okresowo.

d) Saturn moduluje interakcję między Jowiszem a Słońcem poprzez swój własny ruch wokół środka masy w Wenus. Przyjąłem, że modulacja ta zachodzi wraz z okresem ruchu Saturna dookoła Słońca.

e) Lokalna Grupa gwiazd, poruszających się razem, wpływa na transfer energii do Układu Słonecznego w podobny sposób, jak sam Jowisz.

f) Całkowita masa pozostałości po gwieździe Andrea w pasie Kuipera (Ciemny Towarzysz) nadal moduluje wydarzenia energetyczne w Układzie Słonecznym, tak jak miało to miejsce przed zniszczeniem gwiazdy Andrea. Ruch kwantowy jest taki sam, chociaż obiekt kwantowy został nieco "odchudzony". Jego okres jest nam znany z ruchu małego Plutona, który krąży wokół centrum Ciemnego Towarzysza (na orbicie pionowej) w tym samym czasie, w którym krąży wokół Wenus (na orbicie poziomej).

g) Dla naszych obliczeń w skali średnio-długiej, musimy również wziąć pod uwagę stopień 3 Hierarchii Kosmicznej.

h-l) Zgodnie z tradycją obliczeń atomowych zakładamy, że wkład każdego z ciał wymienionych w punktach C, D, E, F i G jest taki sam.

m) Sumujemy wszystkie wkłady.

n) Szukamy maksymalnej wartości wszystkich indywidualnych wkładów.

o-p) Dokładny numer cyklu i bieżący rok są pomocne w tworzeniu wykresów ilustrujących przebieg względnej zmiany transferu energii.

q) Ostateczny wkład pięciu modulatorów energii, która dotarła do Układu Słonecznego w analizowanym okresie 2200 lat, w stosunku do maksymalnej wartości z punktu n.

r) Wartości z kolumny q uśrednione dla całego cyklu 10.81254 lat (lub dziewięciu kroków obliczeniowych).

4. Demonstracja obliczeń: szczegółowe kroki

Pokazujemy tylko pierwszą i ostatnią stronę całego obliczenia. Ponieważ byłyby one zbyt obszerne na stronę książki, podzieliłem każdą z nich na lewą połowę (strona a) i prawą połowę (strona b). Prawie nic ważnego nie zmienia się pomiędzy pierwszą a 55 stroną. Ważna jest jednak tylko jedna uwaga, aby ewentualne "przeliczenie" mogło być dokonane poprawnie.

Kosmiczna Hierarchia Układu Słonecznego, wynikająca z niej Kosmiczna Skala Czasu i bazujący na niej Kosmiczny Zegar zostały wprowadzone w Rozdziale 1. Uderzenie określonej "godziny" tego zegara jest fizycznie równoważne przejściu Ziemi (wraz z całym Układem Słonecznym) przez obszar Wszechświata, w którym gęstość energii znacząco wzrasta. Ziemia "odczuwa" ten wzrost jako odpowiednio intensywne oddziaływanie obiektów kosmicznych na jej powierzchnię. Obiekty te należą do odpowiedniego mostu energetycznego, który łączy dwóch sąsiednich członków Hierarchii Kosmicznej. Zdarzenia te oznaczają, że "wybicie godziny" danego poziomu Hierarchii Kosmicznej ustawia również wszystkie wskazówki zegara niższych poziomów na 0. Innymi słowy, liczenie czasu trwania niższych okresów rozpoczyna się w tym momencie od nowa. To właśnie ten efekt "resetowania" niższych poziomów musimy przyjąć, że tak powiem, "ręcznie", w naszym stosunkowo prostym programie.

W naszym obecnym przykładzie obliczeń, bezpośrednio uwzględniliśmy tylko poziom 3 (Orion - poziom OLMG) i poziom 2 (Lokalna Grupa Gwiazd - LGS) Hierarchii Kosmicznej w naszych obliczeniach. Dlatego za każdym razem, gdy czas rekonstrukcji osiąga odpowiednią godzinę poziomu 3, musimy również ustawić przebieg niższego poziomu 2 na ten sam "kosmiczny" czas, co powoduje niewielkie przesunięcie czasu poziomu 2. Jedyne dwa momenty, w których to "przesunięcie" jest konieczne, pokazano na dwóch poniższych zrzutach ekranu. Należy również pamiętać o "wypełnieniu do dołu" odpowiednich kolumn obliczeń, na które ma wpływ przesunięcie (tj. kolumn J, L, M, Q i R).

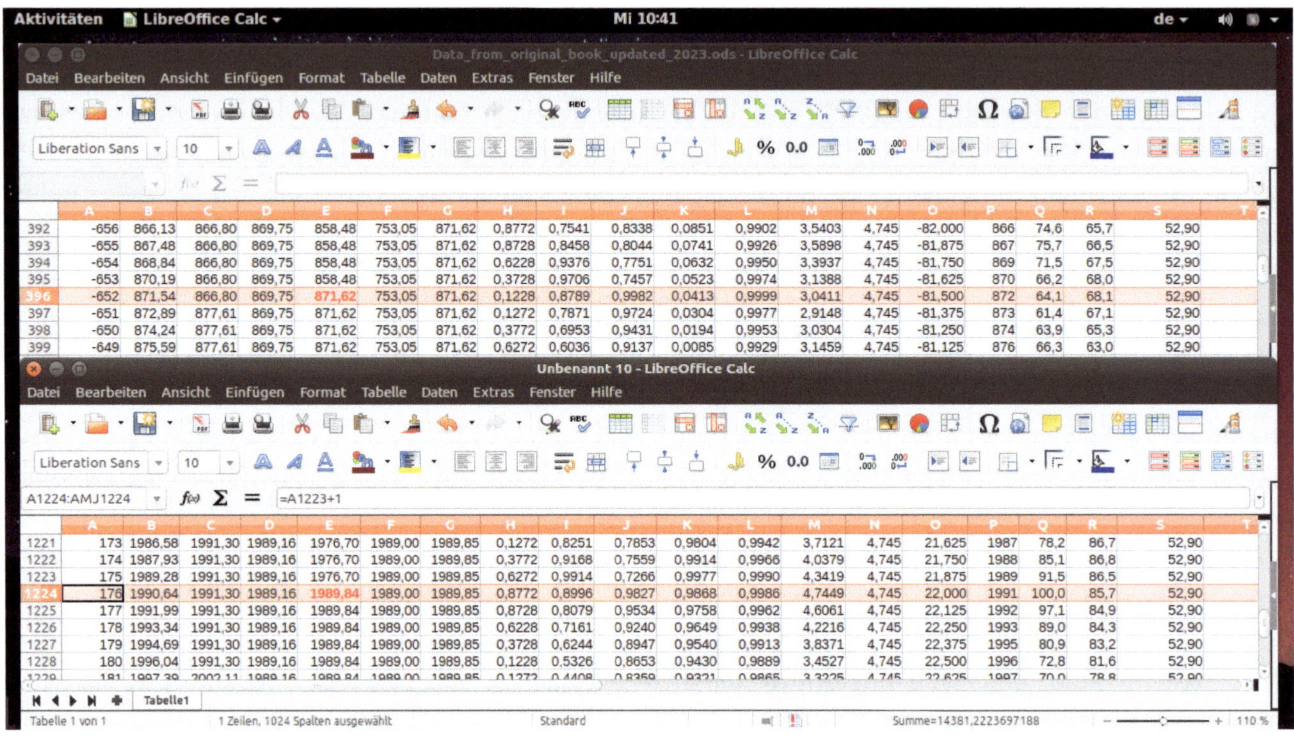

	A	B	C	D	E	F	G	H	I	J	K	L	M	N	O	P	Q	R	S
392	-656	866,13	866,80	869,75	858,48	753,05	871,62	0,8772	0,7541	0,8338	0,0851	0,9902	3,5403	4,745	-82,000	866	74,6	65,7	52,90
393	-655	867,48	866,80	869,75	858,48	753,05	871,62	0,8728	0,8458	0,8044	0,0741	0,9926	3,5898	4,745	-81,875	867	75,7	66,5	52,90
394	-654	868,84	866,80	869,75	858,48	753,05	871,62	0,6228	0,9376	0,7751	0,0632	0,9950	3,3937	4,745	-81,750	869	71,5	67,5	52,90
395	-653	870,19	866,80	869,75	858,48	753,05	871,62	0,3728	0,9706	0,7457	0,0523	0,9974	3,1388	4,745	-81,625	870	66,2	68,0	52,90
396	-652	871,54	866,80	869,75	871,62	753,05	871,62	0,1228	0,8789	0,9982	0,0413	0,9999	3,0411	4,745	-81,500	872	64,1	68,1	52,90
397	-651	872,89	877,61	869,75	871,62	753,05	871,62	0,1272	0,7871	0,9724	0,0304	0,9977	2,9148	4,745	-81,375	873	61,4	67,1	52,90
398	-650	874,24	877,61	869,75	871,62	753,05	871,62	0,3772	0,6953	0,9431	0,0194	0,9953	3,0304	4,745	-81,250	874	63,9	65,3	52,90
399	-649	875,59	877,61	869,75	871,62	753,05	871,62	0,6272	0,6036	0,9137	0,0085	0,9929	3,1459	4,745	-81,125	876	66,3	63,0	52,90

	A	B	C	D	E	F	G	H	I	J	K	L	M	N	O	P	Q	R	S
1221	173	1986,58	1991,30	1989,16	1976,70	1989,00	1989,85	0,1272	0,8251	0,7853	0,9804	0,9942	3,7121	4,745	21,625	1987	78,2	86,7	52,90
1222	174	1987,93	1991,30	1989,16	1976,70	1989,00	1989,85	0,3772	0,9168	0,7559	0,9914	0,9966	4,0379	4,745	21,750	1988	85,1	86,8	52,90
1223	175	1989,28	1991,30	1989,16	1976,70	1989,00	1989,85	0,6272	0,9914	0,7266	0,9977	0,9990	4,3419	4,745	21,875	1989	91,5	86,5	52,90
1224	176	1990,64	1991,30	1989,16	1989,84	1989,00	1989,85	0,8772	0,8996	0,9827	0,9868	0,9986	4,7449	4,745	22,000	1991	100,0	85,7	52,90
1225	177	1991,99	1991,30	1989,16	1989,84	1989,00	1989,85	0,8728	0,8079	0,9534	0,9758	0,9962	4,6061	4,745	22,125	1992	97,1	84,9	52,90
1226	178	1993,34	1991,30	1989,16	1989,84	1989,00	1989,85	0,6228	0,7161	0,9240	0,9649	0,9938	4,2216	4,745	22,250	1993	89,0	84,3	52,90
1227	179	1994,69	1991,30	1989,16	1989,84	1989,00	1989,85	0,3728	0,6244	0,8947	0,9540	0,9913	3,8371	4,745	22,375	1995	80,9	83,2	52,90
1228	180	1996,04	1991,30	1989,16	1989,84	1989,00	1989,85	0,1228	0,5326	0,8653	0,9430	0,9889	3,4527	4,745	22,500	1996	72,8	81,6	52,90
1229	181	1997,39	2002,11	1989,16	1989,84	1989,00	1989,85	0,1272	0,4408	0,8359	0,9321	0,9865	3,3225	4,745	22,625	1997	70,0	78,8	52,90

Tabela III poniżej przedstawia pierwszą i ostatnią stronę, skopiowaną z całego arkusza kalkulacyjnego zgodnie z instrukcjami omówionymi powyżej. Oblicza ona względne zmiany energii, jaka osiągnęła lub osiągnie Ziemię we wskazanych 2200 latach.

Tabela III. Strona 1a

A	B	C	D	E	F	G	H	I
Nr	Year	Jupiter	Saturn	LGS	DC	OLMG	Jup-M.	Sat-M.
-1040	347,13	347,79	339,51	305,94	258,67	871,62	0,8772	0,4827
-1039	348,48	347,79	339,51	305,94	258,67	871,62	0,8728	0,3909
-1038	349,83	347,79	339,51	305,94	258,67	871,62	0,6228	0,2991
-1037	351,18	347,79	339,51	305,94	258,67	871,62	0,3728	0,2074
-1036	352,54	347,79	339,51	398,03	258,67	871,62	0,1228	0,1156
-1035	353,89	358,61	339,51	398,03	258,67	871,62	0,1272	0,0238
-1034	355,24	358,61	368,97	398,03	258,67	871,62	0,3772	0,0679
-1033	356,59	358,61	368,97	398,03	258,67	871,62	0,6272	0,1597
-1032	357,94	358,61	368,97	398,03	258,67	871,62	0,8772	0,2514
-1031	359,29	358,61	368,97	398,03	258,67	871,62	0,8728	0,3432
-1030	360,65	358,61	368,97	398,03	258,67	871,62	0,6228	0,4350
-1029	362,00	358,61	368,97	398,03	258,67	871,62	0,3728	0,5267
-1028	363,35	358,61	368,97	398,03	258,67	871,62	0,1228	0,6185
-1027	364,70	369,42	368,97	398,03	258,67	871,62	0,1272	0,7103
-1026	366,05	369,42	368,97	398,03	258,67	871,62	0,3772	0,8020
-1025	367,40	369,42	368,97	398,03	258,67	871,62	0,6272	0,8938
-1024	368,76	369,42	368,97	398,03	258,67	871,62	0,8772	0,9855
-1023	370,11	369,42	368,97	398,03	258,67	871,62	0,8728	0,9227
-1022	371,46	369,42	368,97	398,03	258,67	871,62	0,6228	0,8309
-1021	372,81	369,42	368,97	398,03	258,67	871,62	0,3728	0,7392
-1020	374,16	369,42	368,97	398,03	258,67	871,62	0,1228	0,6474
-1019	375,51	380,23	368,97	398,03	258,67	871,62	0,1272	0,5556
-1018	376,86	380,23	368,97	398,03	258,67	871,62	0,3772	0,4639

Tabela III. Strona 1b

A	J	K	L	M	N	O	P	Q	R
Nr	LGS-M.	DC-M.	OL-M.	Total	Scale	Cycle	Year	Rel.	Aver.
								20,2	
								28,6	
								37,0	
								45,4	
-1040	0,1054	0,2843	0,0619	1,8100	4,745	-130,000	347	38,2	29,3
-1039	0,0761	0,2733	0,0643	1,6775	4,745	-129,875	348	35,4	28,2
-1038	0,0467	0,2624	0,0668	1,2978	4,745	-129,750	350	27,4	26,9
-1037	0,0174	0,2515	0,0692	0,9182	4,745	-129,625	351	19,4	25,5
-1036	0,0120	0,2405	0,0716	0,5625	4,745	-129,500	353	11,9	24,1
-1035	0,0413	0,2296	0,0740	0,4960	4,745	-129,375	354	10,5	23,7
-1034	0,0707	0,2187	0,0764	0,8109	4,745	-129,250	355	17,1	23,3
-1033	0,1000	0,2077	0,0788	1,1735	4,745	-129,125	357	24,7	23,5
-1032	0,1294	0,1968	0,0813	1,5361	4,745	-129,000	358	32,4	24,2
-1031	0,1587	0,1859	0,0837	1,6443	4,745	-128,875	359	34,7	26,0
-1030	0,1881	0,1749	0,0861	1,5069	4,745	-128,750	361	31,8	28,9
-1029	0,2175	0,1640	0,0885	1,3695	4,745	-128,625	362	28,9	31,8
-1028	0,2468	0,1530	0,0909	1,2321	4,745	-128,500	363	26,0	34,8
-1027	0,2762	0,1421	0,0934	1,3491	4,745	-128,375	365	28,4	36,8
-1026	0,3055	0,1312	0,0958	1,7117	4,745	-128,250	366	36,1	37,8
-1025	0,3349	0,1202	0,0982	2,0743	4,745	-128,125	367	43,7	38,4
-1024	0,3642	0,1093	0,1006	2,4369	4,745	-128,000	369	51,4	38,5
-1023	0,3936	0,0984	0,1030	2,3905	4,745	-127,875	370	50,4	38,8
-1022	0,4229	0,0874	0,1054	2,0696	4,745	-127,750	371	43,6	39,2
-1021	0,4523	0,0765	0,1079	1,7486	4,745	-127,625	373	36,9	39,3
-1020	0,4816	0,0656	0,1103	1,4277	4,745	-127,500	374	30,1	38,9
-1019	0,5110	0,0546	0,1127	1,3611	4,745	-127,375	376	28,7	37,4
-1018	0,5403	0,0437	0,1151	1,5402	4,745	-127,250	377	32,5	35,3

Tabela III. Strona 55a

A	B	C	D	E	F	G	H	I
576	2531,26	2531,93	2519,40	2553,07	2483,38	3026,67	0,8772	0,1947
577	2532,61	2531,93	2519,40	2553,07	2483,38	3026,67	0,8728	0,1030
578	2533,97	2531,93	2519,40	2553,07	2483,38	3026,67	0,6228	0,0112
579	2535,32	2531,93	2548,86	2553,07	2483,38	3026,67	0,3728	0,0806
580	2536,67	2531,93	2548,86	2553,07	2483,38	3026,67	0,1228	0,1723
581	2538,02	2542,74	2548,86	2553,07	2483,38	3026,67	0,1272	0,2641
582	2539,37	2542,74	2548,86	2553,07	2483,38	3026,67	0,3772	0,3559
583	2540,72	2542,74	2548,86	2553,07	2483,38	3026,67	0,6272	0,4476
584	2542,08	2542,74	2548,86	2553,07	2483,38	3026,67	0,8772	0,5394
585	2543,43	2542,74	2548,86	2553,07	2483,38	3026,67	0,8728	0,6311
586	2544,78	2542,74	2548,86	2553,07	2483,38	3026,67	0,6228	0,7229
587	2546,13	2542,74	2548,86	2553,07	2483,38	3026,67	0,3728	0,8147
588	2547,48	2542,74	2548,86	2553,07	2483,38	3026,67	0,1228	0,9064
589	2548,83	2553,55	2548,86	2553,07	2483,38	3026,67	0,1272	0,9982
590	2550,19	2553,55	2548,86	2553,07	2483,38	3026,67	0,3772	0,9100
591	2551,54	2553,55	2548,86	2553,07	2483,38	3026,67	0,6272	0,8183
592	2552,89	2553,55	2548,86	2553,07	2483,38	3026,67	0,8772	0,7265
593	2554,24	2553,55	2548,86	2553,07	2483,38	3026,67	0,8728	0,6348
594	2555,59	2553,55	2548,86	2553,07	2483,38	3026,67	0,6228	0,5430
595	2556,94	2553,55	2548,86	2553,07	2483,38	3026,67	0,3728	0,4512
596	2558,29	2553,55	2548,86	2553,07	2483,38	3026,67	0,1228	0,3595
597	2559,65	2564,36	2548,86	2553,07	2483,38	3026,67	0,1272	0,2677
598	2561,00	2564,36	2548,86	2553,07	2483,38	3026,67	0,3772	0,1759
599	2562,35	2564,36	2548,86	2553,07	2483,38	3026,67	0,6272	0,0842
600	2563,70	2564,36	2578,32	2553,07	2483,38	3026,67	0,8772	0,0076
601	2565,05	2564,36	2578,32	2553,07	2483,38	3026,67	0,8728	0,0993
602	2566,40	2564,36	2578,32	2553,07	2483,38	3026,67	0,6228	0,1911
603	2567,76	2564,36	2578,32	2553,07	2483,38	3026,67	0,3728	0,2829
604	2569,11	2564,36	2578,32	2553,07	2483,38	3026,67	0,1228	0,3746

Tabela III. Strona 55b

A	J	K	L	M	N	O	P	Q	R
576	0,5263	0,6126	0,1139	2,3248	4,518	72,000	2531	51,5	43,4
577	0,5557	0,6016	0,1164	2,2495	4,518	72,125	2533	49,8	43,2
578	0,5851	0,5907	0,1188	1,9285	4,518	72,250	2534	42,7	44,0
579	0,6144	0,5798	0,1212	1,7688	4,518	72,375	2535	39,1	45,2
580	0,6438	0,5688	0,1236	1,6314	4,518	72,500	2537	36,1	46,9
581	0,6731	0,5579	0,1260	1,7483	4,518	72,625	2538	38,7	48,4
582	0,7025	0,5470	0,1284	2,1109	4,518	72,750	2539	46,7	49,8
583	0,7318	0,5360	0,1309	2,4735	4,518	72,875	2541	54,7	51,6
584	0,7612	0,5251	0,1333	2,8361	4,518	73,000	2542	62,8	53,5
585	0,7905	0,5142	0,1357	2,9444	4,518	73,125	2543	65,2	56,0
586	0,8199	0,5032	0,1381	2,8070	4,518	73,250	2545	62,1	58,7
587	0,8492	0,4923	0,1405	2,6695	4,518	73,375	2546	59,1	60,9
588	0,8786	0,4814	0,1429	2,5321	4,518	73,500	2547	56,0	62,6
589	0,9079	0,4704	0,1454	2,6491	4,518	73,625	2549	58,6	63,2
590	0,9373	0,4595	0,1478	2,8318	4,518	73,750	2550	62,7	62,6
591	0,9666	0,4485	0,1502	3,0109	4,518	73,875	2552	66,6	61,3
592	0,9960	0,4376	0,1526	3,1899	4,518	74,000	2553	70,6	59,5
593	0,9746	0,4267	0,1550	3,0639	4,518	74,125	2554	67,8	57,7
594	0,9453	0,4157	0,1574	2,6843	4,518	74,250	2556	59,4	55,9
595	0,9159	0,4048	0,1599	2,3047	4,518	74,375	2557	51,0	54,0
596	0,8866	0,3939	0,1623	1,9250	4,518	74,500	2558	42,6	51,9
597	0,8572	0,3829	0,1647	1,7998	4,518	74,625	2560	39,8	49,5
598	0,8279	0,3720	0,1671	1,9201	4,518	74,750	2561	42,5	47,0
599	0,7985	0,3611	0,1695	2,0405	4,518	74,875	2562	45,2	44,9
600	0,7692	0,3501	0,1720	2,1760	4,518	75,000	2564	48,2	43,2
601	0,7398	0,3392	0,1744	2,2255	4,518	75,125	2565	49,3	37,0
602	0,7105	0,3283	0,1768	2,0294	4,518	75,250	2566	44,9	37,0
603	0,6811	0,3173	0,1792	1,8333	4,518	75,375	2568	40,6	37,0
604	0,6518	0,3064	0,1816	1,6372	4,518	75,500	2569	36,2	37,0

5. Wyniki - obliczone wykresy względnych zmian w transferze energii do Ziemi pomiędzy latami 347 i 2510

Zastosowany program obliczeniowy może również tworzyć pożądane wykresy z obliczonych wartości; kolumna P tabeli II służy jako etykieta dla osi x. Poniżej widzimy wykres, który obejmuje pierwsze pięć wieków z obliczonych 2200 lat, a dokładniej lata między rokiem 347 a rokiem 888. Czerwona linia to średnia wartość kolumny Q w jednym cyklu, a żółta linia to średnia wartość wszystkich wartości w kolumnie Q.

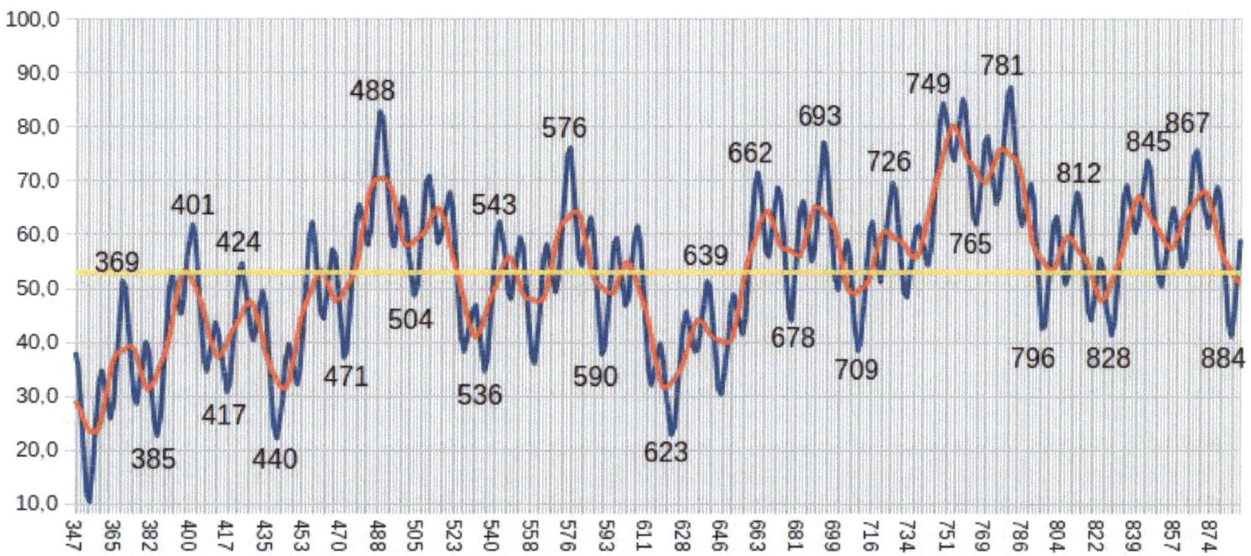

Drugi, trzeci i czwarty kwartał z analizowanych 2200 lat przedstawiono na poniższych trzech rysunkach. Drugi obejmuje lata 888 i 1428, trzeci - lata 1428 i 1969, a czwarty - lata od 1969 do roku 2510 w przyszłości. Niebieska linia pokazuje obliczenia z gęstością 8 punktów na każde 10.9 lat (tj. na jeden cykl Jowisz-Słońce), czerwona linia - średnią wartość danego cyklu, a żółta prosta - średnią wartość z całego okresu 200 takich cykli.

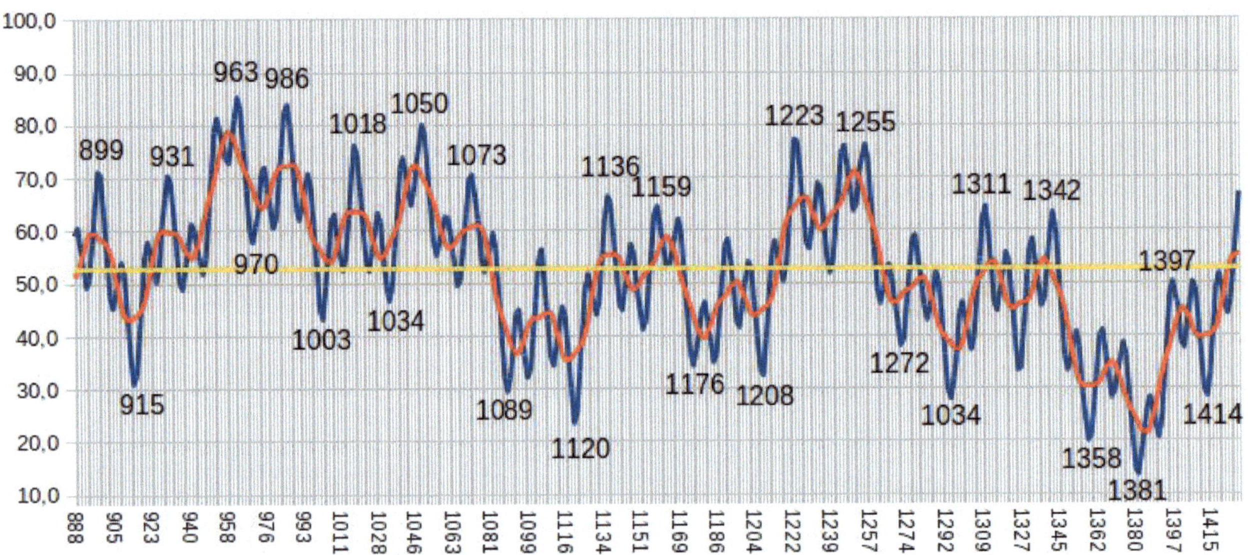

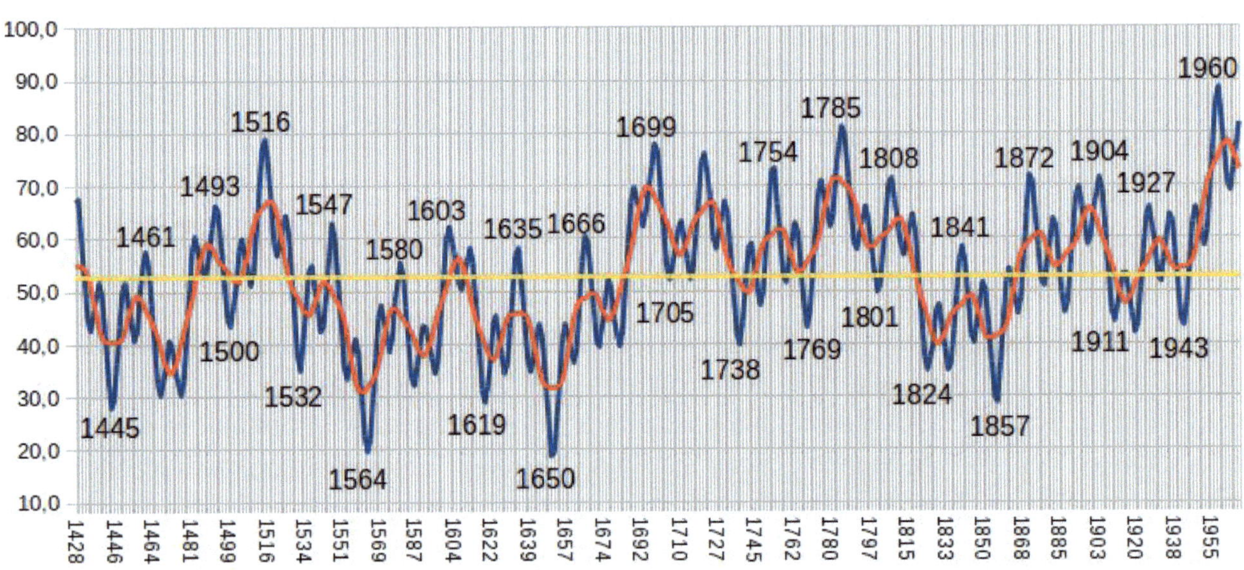

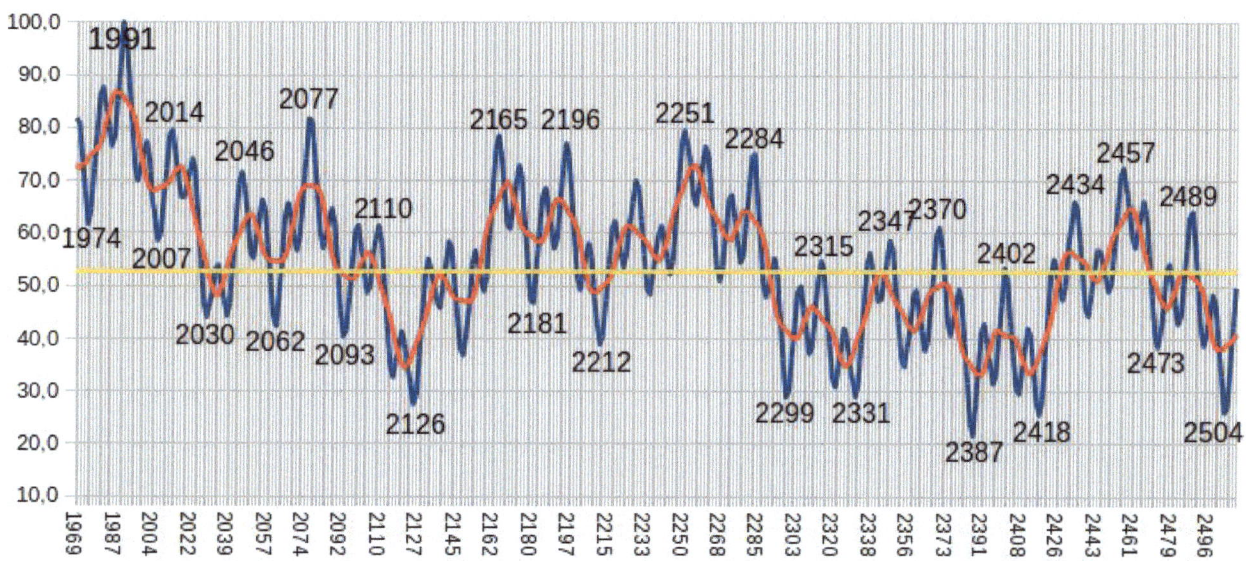

Dokładność tej prostej metody obliczania względnych zmian w transferze energii, która dotarła do Ziemi w przeszłości, zostanie omówiona w części 3 książki. Tam też opiszemy, co możemy wyczytać z czwartego z tych wykresów, jeśli chodzi o przyszłość ziemskiego klimatu. Jednak nawet dla niewprawnego oka od razu widać, że maksimum "nowoczesnego" optimum klimatycznego zostało już przekroczone, i że musimy przygotować się raczej na globalne ochłodzenie, niż na dalsze globalne ocieplenie. Będzie to miało daleko idące konsekwencje, zwłaszcza dla naszej globalnej polityki energetycznej.

Ale zanim to nastąpi, pokażemy jeszcze dwa praktyczne przykłady obliczeń. Jeden, dla większej dokładności, a drugi dla nie tylko dwóch, ale aż dziewięciu tysiącleci, gdzie możemy również obserwować zmiany klimatu Ziemi podczas i po ostatnim kosmicznym skoku kwantowym poziomu 5 (4720 lat przed początkiem naszej ery), czyli od momentu pojawienia się naszego Rodzaju i Gatunku *Homo sapiens Sapiens*.

Rozdział 4

Zwiększona precyzja obliczeń dla stuleci 20 i 21

1. Idea

Prawo energetycznie niezakłóconego ruchu starszych członków każdego systemu kwantowego, po każdym nowym wejściu nowego członka tego systemu, które odkryłem około 1980 roku, sugeruje również zastosowanie poziomu 1-go Hierarchii Kosmicznej, z jego okresem 7.5839 lat, jeśli chcemy nieco "udoskonalić" nasze obliczenia. Zdajemy sobie sprawę, że jest on nadal aktywny energetycznie, na przykład poprzez biologiczno-medyczne cykle 7 lat i 7 miesięcy, z którymi każdy stosunkowo duży organizm, jak nasz ludzki, wydaje się rozwijać energetycznie. Dlatego w tym punkcie nie tylko obliczamy względne zmiany w klimacie Ziemi. Testujemy tu również, czy okres ten faktycznie moduluje przepływ energii, która codziennie dociera do wnętrza Układu Słonecznego.

W odniesieniu do wspomnianych biologiczno-medycznych cykli "7 lat i 7 miesięcy" warto zapamiętać poniższy schemat, aby lepiej zrozumieć okresy z własnego życia lub z życia ważnych dla nas osób. Wkres ten uzasadnia również moje przekonanie, że człowiek osiąga prawdziwą dojrzałość do samodzielnego, odpowiedzialnego życia, dopiero w wieku 22 lat. Uważam, że ta obserwacja jest ważna nie tylko z demograficznego punktu widzenia, ale również z punktu widzenia pełnej edukacji, jak i organizacji naszej wspólnoty światowej.

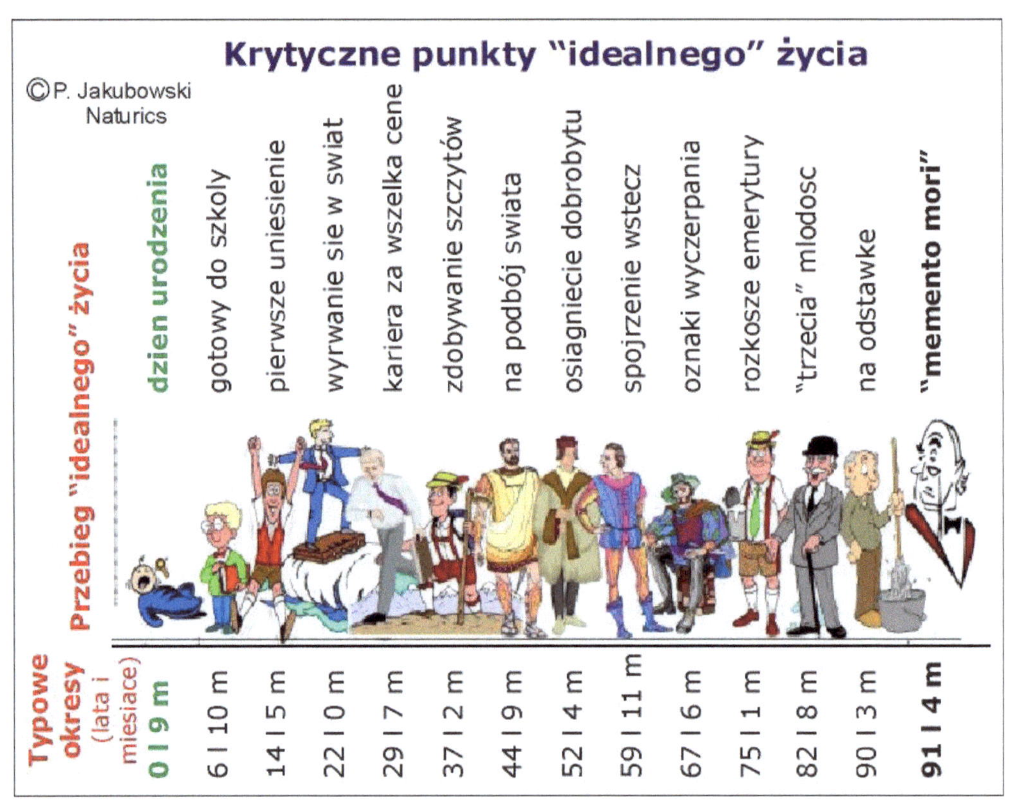

Chęć uczynienia naszej dotychczas stosowanej metody rekonstrukcji zmian klimatu jeszcze bardziej precyzyjną można zaspokoić poprzez zidentyfikowanie "modulatorów" transferu energii kosmicznej, które dotychczas nie były brane pod uwagę, i włączenie ich do metody. Jednym z takich modulatorów jest na przykład najbliższy Ziemi kwantowy członek Układu Słonecznego, Mars. Dziś wydaje się on być jedynie niewielką pozostałością dawnego pierwotnego Marsa. Jednak jego pozycja kwantowa odgrywa dokładnie taką samą rolę w interakcji całego Układu Słonecznego, jak wszystkie inne modulatory. Ze względu na swoją eliptyczną orbitę wokół centrum całego układu w Wenus, czasami zbliża się on do Słońca i Ziemi, a czasami jest dalej od nas. W rezultacie zmienia to również przepływ energii docierającej do Ziemi i jest to ta sama przyczyna, która powoduje odpowiednie fluktuacje w ziemskim klimacie.

Poprawność tej tezy można łatwo zweryfikować, patrząc na statystyki ostatnich opozycji Marsa i porównując je z "ciepłymi falami" i "zimnymi falami" klimatu ziemskiego. Katalog opozycji Marsa z lat 1950-2061 można znaleźć na stronie Hartmuta Frommerta. Kolorem żółtym zaznaczyłem opozycje bliskie Ziemi, a kolorem cyjanowym opozycje dalekie.

Źródło: http://spider.seds.org/spider/Mars/marsopps.html

Mars Opposition Catalog

| Opposition | | | | | | Closest Approach | | | | |
Date	UT	L_hel	RA	Dec	m_max	Date	UT	dist AU	Mkm	diam
1950 Mar 23	05:37	182:44	12:13	+02:20	-1.33	1950 Mar 27	06:15	0.64971	97.20	14.41
1952 May 1	01:25	221:17	14:34	-14:17	-1.78	1952 May 8	13:31	0.55824	83.51	16.77
1954 Jun 24	17:14	273:16	18:12	-27:41	-2.49	1954 Jul 2	08:01	0.42779	64.00	21.88
1956 Sep 10	21:51	348:45	23:26	-10:07	-2.85	1956 Sep 7	04:54	0.37809	56.56	24.76
1958 Nov 16	14:26	54:19	03:25	+19:08	-2.19	1958 Nov 8	13:15	0.48770	72.96	19.19
1960 Dec 30	10:14	99:17	06:39	+26:49	-1.55	1960 Dec 25	05:46	0.60682	90.78	15.42
1963 Feb 4	11:50	135:28	09:15	+20:42	-1.25	1963 Feb 3	03:23	0.67045	100.30	13.96
1965 Mar 9	12:22	169:13	11:25	+08:08	-1.25	1965 Mar 12	01:13	0.66847	100.00	14.00
1967 Apr 15	11:24	205:16	13:35	-07:43	-1.56	1967 Apr 21	17:39	0.60120	89.94	15.57
1969 May 31	15:50	250:26	16:32	-23:56	-2.19	1969 Jun 9	04:15	0.47955	71.74	19.52
1971 Aug 10	06:52	317:24	21:27	-22:15	-2.85	1971 Aug 12	02:32	0.37569	56.20	24.91
1973 Oct 25	03:28	31:56	02:00	+10:17	-2.49	1973 Oct 17	04:11	0.43604	65.23	21.47
1975 Dec 15	13:59	57:56	05:29	+26:02	-1.76	1975 Dec 9	00:09	0.56549	84.60	16.55
1978 Jan 22	00:11	121:55	08:20	+24:06	-1.33	1978 Jan 19	03:07	0.65319	97.72	14.33
1980 Feb 25	05:43	156:04	10:37	+13:27	-1.22	1980 Feb 26	06:06	0.67731	101.32	13.83
1982 Mar 31	10:14	190:38	12:43	-01:21	-1.40	1982 Apr 5	06:36	0.63511	95.01	14.75
1984 May 11	08:52	231:04	15:13	+18:05	-1.92	1984 May 19	10:44	0.53146	79.51	17.63
1986 Jul 10	05:27	287:52	19:20	-27:44	-2.65	1986 Jul 16	10:59	0.40357	60.37	23.21
1988 Sep 28	03:32	5:23	00:27	-02:06	-2.75	1988 Sep 22	03:19	0.39315	58.81	23.83
1990 Nov 27	20:35	65:20	04:13	+22:38	-2.02	1990 Nov 20	03:50	0.51692	77.33	18.12
1993 Jan 7	22:43	107:40	07:19	+26:16	-1.46	1993 Jan 3	13:33	0.62609	93.66	14.96
1995 Feb 12	02:32	142:54	09:47	+18:10	-1.23	1995 Feb 11	14:20	0.67569	101.08	13.86

```
1997 Mar 17 07:55   176:46 11:54 +04:40 -1.29 1997 Mar 20 16:51 0.65938   98.64 14.20
1999 Apr 24 17:38   214:06 14:09 -11:37 -1.67 1999 May  1 17:28 0.57846   86.54 16.18
2001 Jun 13 17:59   262:46 17:28 -26:30 -2.36 2001 Jun 21 22:57 0.45017   67.34 20.79
```

```
2003 Aug 28 17:59   335:01 22:38 -15:49 -2.88 2003 Aug 27 09:52 0.37272   55.76 25.11
```

```
2005 Nov  7 07:59    45:01 02:51 +15:54 -2.33 2005 Oct 30 03:26 0.46406   69.42 20.19
2007 Dec 24 19:47    92:46 06:12 +26:46 -1.64 2007 Dec 18 23:47 0.58935   88.17 15.88
2010 Jan 29 19:37   129:39 08:54 +22:09 -1.28 2010 Jan 27 19:02 0.66398   99.33 14.10
2012 Mar  3 20:04   163:29 11:07 +10:17 -1.23 2012 Mar  5 17:01 0.67368  100.78 13.89
2014 Apr  8 20:57   198:44 13:14 -05:08 -1.48 2014 Apr 14 12:54 0.61756   92.39 15.16
2016 May 22 11:11   241:34 15:58 -21:39 -2.06 2016 May 30 21:36 0.50321   75.28 18.60
2018 Jul 27 05:07   303:53 20:33 -25:30 -2.78 2018 Jul 31 07:51 0.38496   57.59 24.31
2020 Oct 13 23:20    20:12 01:22 +05:26 -2.62 2020 Oct  6 14:19 0.41492   62.07 22.56
2022 Dec  8 05:36    75:47 04:59 +25:00 -1.87 2022 Dec  1 02:18 0.54447   81.45 17.19
2025 Jan 16 02:32   115:52 07:56 +25:07 -1.38 2025 Jan 12 13:38 0.64228   96.08 14.57
2027 Feb 19 15:45   150:23 10:18 +15:23 -1.21 2027 Feb 20 00:14 0.67792  101.42 13.81
2029 Mar 25 07:43   184:32 12:23 +01:04 -1.34 2029 Mar 29 12.56 0.64722   96.82 14.46
2031 May  4 11:57   223:25 14:46 -15:29 -1.80 2031 May 12 03:50 0.55336   82.78 16.91
2033 Jun 27 01:24   275:39 18:30 -27:50 -2.51 2033 Jul  5 11:19 0.42302   63.28 22.13
2035 Sep 15 19:33   352:19 23:43 -08:01 -2.84 2035 Sep 11 14:21 0.38041   56.91 24.61
2037 Nov 19 09:04    56:51 03:37 +20:16 -2.16 2037 Nov 11 08:00 0.49358   73.84 18.96
2040 Jan  2 15:21   101:16 06:50 +26:41 -1.53 2039 Dec 28 14:47 0.61092   91.39 15.32
2042 Feb  6 11:59   137:14 09:25 +19:50 -1.24 2042 Feb  5 07:57 0.67174  100.49 13.93
2044 Mar 11 12:44   170:59 11:33 +06:56 -1.26 2044 Mar 14 06:07 0.66708   99.79 14.03
2046 Apr 17 18:01   207:15 13:44 -09:00 -1.58 2046 Apr 24 04:33 0.59704   89.32 15.68
2048 Jun  3 14:45   253:01 16:45 -24:45 -2.22 2048 Jun 12 01:41 0.47366   70.86 19.76
2050 Aug 14 07:46   321:02 21:43 -20:44 -2.87 2050 Aug 15 12:55 0.37405   55.96 25.02
2052 Oct 28 06:28    34:49 02:12 +11:58 -2.46 2052 Oct 20 05:12 0.44091   65.96 21.23
2054 Dec 17 22:09    85:25 05:40 +26:20 -1.73 2054 Dec 11 11:44 0.57015   85.29 16.42
2057 Jan 24 01:26   123:44 08:28 +23:27 -1.32 2057 Jan 21 09:03 0.65552   98.06 14.28
2059 Feb 27 05:25   157:48 10:44 +12:20 -1.22 2059 Feb 28 10:32 0.67681  101.25 13.83
2061 Apr  2 12:47   192:27 12:50 -02:38 -1.41 2061 Apr  7 13:54 0.63199   94.54 14.81
```

Z tego porównania widać wyraźnie, że jedna z ostatnich fal upałów w Europie w 2018 roku powtórzyła się dokładnie po swojej poprzedniczce z sierpnia 2003 roku. Opozycja Marsa w tamtym czasie była pierwszą po specjalnej opozycji w 2003 roku, kiedy odległość Ziemia-Mars (0.37272 AU) była najniższa w ciągu ostatnich tysiącleci. Analogiczna odległość w 2018 roku została osiągnięta 31 lipca (z wartością 0.38496 AU). (1 AU = jedna jednostka astronomiczna odpowiada średniej odległości Ziemi od Słońca).

Opozycja Marsa w 1988 roku nie miała tak silnego wpływu na naszą pogodę, ponieważ minimalna odległość między Ziemią a Marsem była wówczas znacznie większa (0.39315 AU). Ale jeszcze wcześniejsza opozycja z 1971 roku również pozostawiła swój ślad w kronikach pogodowych: "Sierpień 1971 to fantastyczny letni miesiąc. Średnia temperatura wyniosła prawie 20°C. Meteorolodzy zmierzyli tylko 8 mm opadów".

Jest rzeczą oczywistą, że opozycja Marsa daleko od Ziemi musi powodować odwrotny ruch powietrza w ziemskiej atmosferze. I tak zaobserwowaliśmy zimny okres w styczniu 2010 r., który został przedłużony do 2011 r. ("Ekstremalnie długi zimny okres; powszechne nowe rekordy śniegu; od końca listopada 2010 r. do początku stycznia 2011 r.") i 2012 r. ("Zimny okres w Europie styczeń/luty 2012 r."), ponieważ daleka opozycja Marsa trwała wtedy dwa lata.

Wcześniejsza opozycja Marsa z dala od Ziemi w 1996 roku również spowodowała falę zimna w Europie; "W rzeczywistości zima 1995/96 przerwała sekwencję łagodnych zim ostatnich lat z wyraźnie ujemnymi odchyleniami od średniej wieloletniej (1961-1990) temperatury powietrza.".

Jeszcze wcześniejsza opozycja Marsa z dala od Ziemi w 1963 roku spowodowała dość długi okres zimna w Europie ("Zima z 1962 na 1963 rok była jedną z najcięższych zim XX wieku w całej Europie."), ponieważ ta opozycja Marsa z dala od Ziemi również trwała ponad dwa lata.

Chociaż nie uwzględniam bezpośrednio Marsa w naszych obecnych obliczeniach, powinno być teraz jasne, że żaden z powyższych ekstremalnie ciepłych i zimnych wzorców pogodowych nie wystąpił z powodu jakiejkolwiek działalności człowieka. A zatem uwaga praktyczna: **Jeśli chcesz zrozumieć (i przewidzieć) globalny klimat Ziemi, musisz wziąć pod uwagę kosmiczne wpływy na ziemską atmosferę.**

2. Pierwsze kroki ze zwiększoną precyzją

Dodajemy stopień 1 naszej Kosmicznej Hierarchii do modulatorów transferu energii do Ziemi. W ten sposób mamy nadzieję osiągnąć jeszcze większą zgodność z obserwowanymi danymi klimatycznymi. Skracamy również okres obliczeniowy tylko do tego okresu, dla którego dysponujemy wiarygodnymi danymi porównawczymi. Chociaż zaczynamy od roku 1800, możemy uzyskać prawidłowe dane tylko dla tego krótkoterminowego etapu "7 lat + 7 miesięcy" po sąsiednim skoku kwantowym wyższego etapu 2. Teoretycznie stało się to w roku 1884.61. Od tego momentu nasze informacje dla modulatora etapu 1 są również wiarygodne. Kończymy tę bardziej szczegółową prognozę zmian we względnym transferze energii do Ziemi w roku 2092.

3. Dokładne instrukcje

Tabela IV. Instrukcje obliczania globalnego transferu energii według modelu *Naturics* w stuleciach 20 i 21

Kolumna		Wartość początkowa	Status	Funkcja obliczeniowa[2]	Następna operacja	Notka
Znak	Opis					
A	Nr	A4= 35	zadany	A5 = A4+1	wypełnić do dołu	a
B	Year	B4= 1800,07	zadany	B5 = B4+1,3515675	wypełnić do dołu	b

---

2   Używałem Program: LibreOffice Calculation.

C	Jupiter	C4= 1796,67	zadany	C5 = WENN(ABS(C4-B5)<= 5,40627;C4;C4+10,81254)	wypełnić do dołu	c
D	Saturn	D4= 1812,41	zadany	D5 = WENN(ABS(D4-B5)<= 14,729;D4;D4+29,458)	wypełnić do dołu	d
E	7y_7m	E4= 1800,00	zadany	E5 = WENN(ABS(E4-B5)<= 3,792;E4;E4+7,5839)	wypełnić do dołu	e
F	LGS	F4= 1792,52	zadany	F5 = WENN(ABS(F4-B5)<= 46,0448;F4;F4+92,0896)	wypełnić do dołu	f
G	DC	G4= 1741,81	zadany	G5 = WENN(ABS(G4-B5)<= 123,595;G4;G4+247,19)	wypełnić do dołu	g
H	OLMG	H4= 1989,85	zadany	H5 = WENN(ABS(H4-B5)<= 559,114;H4;H4+1118,228)	wypełnić do dołu	h
I	Jup-M.	I4= 0,1228	liczony	I4 = 1-ABS((C4-B4)/5,40627)	wypełnić do dołu	i
J	Sat-M.	J4= 0,1264	liczony	J4 = 1-ABS((D4-B4)/14,729)	wypełnić do dołu	j
K	7_7-M.	K4= 0,6594	liczony	K4 = 1-ABS((E4-B4)/3,792)	wypełnić do dołu	k
L	LGS-M	L4= 0,8398	liczony	L4 = 1-ABS((F4-B4)/46,0448)	wypełnić do dołu	l
M	DC-M.	M4= 0,1821	liczony	M4 = 1-ABS((G4-B4)/123,595)	wypełnić do dołu	m
N	OL-M.	N4= 0,9633	liczony	N4 = 1-ABS((H4-B4)/559,114)	wypełnić do dołu	n
O	Total	O4= 2,8939	liczony	M4=I4+J4+K4+L4+M4+N4	wypełnić do dołu	o
P	Scale	P4= 5,538	liczony	P4 = MAX(O4:O550)	P5=P4; wypełnić do dołu	p
Q	Cycle	Q4=	zadany	Q4 = A8/8	wypełnić do	q

		4,375				dołu	
R	Year	R4= 1887,9	zadany	R4=B4		wypełnić do dołu	r
S	Rel.	S4= 54,1	liczony	S4 = 100*O4/P4		wypełnić do dołu	s
T	Aver.	T20= 67,8	liczony	T20 = SUMME(S4:S36)/33		wypełnić do dołu	t

Notki (tylko te, które różnią się od zadanych w Tabeli II):

a-b) Rok początkowy został w tym przykładzie obliczeń wybrany raczej arbitralnie, w każdym razie przed nadchodzącym wkrótce skokiem kwantowym stopnia 2 (patrz komentarz na ten temat w punkcie 2 niniejszego rozdziału).

e) Ta grupa ciał niebieskich poruszających się razem, która jest odpowiedzialna za modulację tego stopnia, ma podobny wpływ na transfer energii do Układu Słonecznego, jak wszystkie inne modulatory.

h) Zachowujemy również poziom 3 w tym krótszym przykładzie, chociaż jego wpływ pozostaje stały w tej skali czasowej.

o) Sumujemy wszystkie wkłady.

p) Szukamy maksymalnej wartości wszystkich indywidualnych wkładów.

s) Ostateczny wkład pięciu modulatorów energii osiągnięty przez Układ Słoneczny w analizowanym okresie 290 lat, w odniesieniu do maksymalnej wartości z punktu o.

t) Wartości z kolumny S uśrednione dla całego cyklu 10.81254 lat (lub dziewięciu kroków obliczeniowych).

4. Szczegółowe kroki obliczeniowe

Tabela V. Strona 1a

A	B	C	D	E	F	G	H	I	J
Nr	Year	Jupiter	Saturn	7y_7m	LGS	DC	OLMG	Jup-M.	Sat-M.
35	1800,07	1796,67	1812,41	1800,00	1792,52	1741,81	1989,85	0,3711	0,1622
36	1801,42	1796,67	1812,41	1800,00	1792,52	1741,81	1989,85	0,1211	0,2540
37	1802,77	1807,48	1812,41	1800,00	1792,52	1741,81	1989,85	0,1289	0,3457
38	1804,12	1807,48	1812,41	1807,58	1792,52	1741,81	1989,85	0,3789	0,4375
39	1805,48	1807,48	1812,41	1807,58	1792,52	1741,81	1989,85	0,6289	0,5292
40	1806,83	1807,48	1812,41	1807,58	1792,52	1741,81	1989,85	0,8789	0,6210
41	1808,18	1807,48	1812,41	1807,58	1792,52	1741,81	1989,85	0,8711	0,7128
42	1809,53	1807,48	1812,41	1807,58	1792,52	1741,81	1989,85	0,6211	0,8045
43	1810,88	1807,48	1812,41	1807,58	1792,52	1741,81	1989,85	0,3711	0,8963
44	1812,23	1807,48	1812,41	1815,17	1792,52	1741,81	1989,85	0,1211	0,9881
45	1813,59	1818,30	1812,41	1815,17	1792,52	1741,81	1989,85	0,1289	0,9202
46	1814,94	1818,30	1812,41	1815,17	1792,52	1741,81	1989,85	0,3789	0,8284
47	1816,29	1818,30	1812,41	1815,17	1792,52	1741,81	1989,85	0,6289	0,7367
48	1817,64	1818,30	1812,41	1815,17	1792,52	1741,81	1989,85	0,8789	0,6449
49	1818,99	1818,30	1812,41	1822,75	1792,52	1741,81	1989,85	0,8711	0,5531
50	1820,34	1818,30	1812,41	1822,75	1792,52	1741,81	1989,85	0,6211	0,4614
51	1821,70	1818,30	1812,41	1822,75	1792,52	1741,81	1989,85	0,3711	0,3696
52	1823,05	1818,30	1812,41	1822,75	1792,52	1741,81	1989,85	0,1211	0,2778
53	1824,40	1829,11	1812,41	1822,75	1792,52	1741,81	1989,85	0,1289	0,1861
54	1825,75	1829,11	1812,41	1822,75	1792,52	1741,81	1989,85	0,3789	0,0943
55	1827,10	1829,11	1812,41	1830,34	1792,52	1741,81	1989,85	0,6289	0,0026
56	1828,45	1829,11	1841,87	1830,34	1792,52	1741,81	1989,85	0,8789	0,0892
57	1829,80	1829,11	1841,87	1830,34	1792,52	1741,81	1989,85	0,8711	0,1810
58	1831,16	1829,11	1841,87	1830,34	1792,52	1741,81	1989,85	0,6211	0,2727

| 59 | 1832,51 | 1829,11 | 1841,87 | 1830,34 | 1792,52 | 1741,81 | 1989,85 | 0,3711 | 0,3645 |

Tabela V. Strona 1b

A	K	L	M	N	O	P	Q	R	S	T
Nr	7_7-M.	LGS-M.	DC-M.	OL-M.	Total	Scale	Cycle	Year	Rel.	Aver.
35	0,9815	0,8360	0,5286	0,6606	3,5401	5,5380	4,3750	1800	63,9	31,1
36	0,6251	0,8067	0,5177	0,6630	2,9875	5,5380	4,5000	1801	53,9	39,4
37	0,2687	0,7773	0,5068	0,6654	2,6928	5,5380	4,6250	1803	48,6	47,9
38	0,0878	0,7480	0,4958	0,6678	2,8158	5,5380	4,7500	1804	50,8	55,3
39	0,4442	0,7186	0,4849	0,6702	3,4761	5,5380	4,8750	1805	62,8	61,5
40	0,8006	0,6893	0,4739	0,6727	4,1364	5,5380	5,0000	1807	74,7	60,5
41	0,8430	0,6599	0,4630	0,6751	4,2248	5,5380	5,1250	1808	76,3	61,1
42	0,4865	0,6306	0,4521	0,6775	3,6723	5,5380	5,2500	1810	66,3	63,2
43	0,1301	0,6012	0,4411	0,6799	3,1198	5,5380	5,3750	1811	56,3	64,9
44	0,2263	0,5718	0,4302	0,6823	3,0199	5,5380	5,5000	1812	54,5	64,7
45	0,5828	0,5425	0,4193	0,6847	3,2784	5,5380	5,6250	1814	59,2	62,3
46	0,9392	0,5131	0,4083	0,6872	3,7552	5,5380	5,7500	1815	67,8	59,6
47	0,7044	0,4838	0,3974	0,6896	3,6407	5,5380	5,8750	1816	65,7	58,1
48	0,3479	0,4544	0,3865	0,6920	3,4046	5,5380	6,0000	1818	61,5	57,2
49	0,0085	0,4251	0,3755	0,6944	2,9278	5,5380	6,1250	1819	52,9	55,6
50	0,3649	0,3957	0,3646	0,6968	2,9045	5,5380	6,2500	1820	52,5	53,0
51	0,7214	0,3664	0,3537	0,6992	2,8813	5,5380	6,3750	1822	52,0	49,6
52	0,9222	0,3370	0,3427	0,7017	2,7026	5,5380	6,5000	1823	48,8	47,7
53	0,5658	0,3077	0,3318	0,7041	2,2243	5,5380	6,6250	1824	40,2	47,1
54	0,2094	0,2783	0,3208	0,7065	1,9882	5,5380	6,7500	1826	35,9	46,9
55	0,1471	0,2490	0,3099	0,7089	2,0463	5,5380	6,8750	1827	37,0	45,7
56	0,5035	0,2196	0,2990	0,7113	2,7015	5,5380	7,0000	1828	48,8	43,3
57	0,8599	0,1903	0,2880	0,7138	3,1041	5,5380	7,1250	1830	56,1	41,9
58	0,7836	0,1609	0,2771	0,7162	2,8316	5,5380	7,2500	1831	51,1	42,8
59	0,4272	0,1315	0,2662	0,7186	2,2791	5,5380	7,3750	1833	41,2	45,5

Tabela V. Ostatnia strona; część a

A	B	C	D	E	F	G	H	I	J
Nr	Year	Jupiter	Saturn	7y_7m	LGS	DC	OLMG	Jup-M.	Sat-M.
227	2059,57	2056,17	2048,07	2058,11	2081,94	1989,00	1989,85	0,3711	0,2194
228	2060,92	2056,17	2048,07	2058,11	2081,94	1989,00	1989,85	0,1211	0,1277
229	2062,27	2066,98	2048,07	2065,69	2081,94	1989,00	1989,85	0,1289	0,0359
230	2063,63	2066,98	2077,53	2065,69	2081,94	1989,00	1989,85	0,3789	0,0559
231	2064,98	2066,98	2077,53	2065,69	2081,94	1989,00	1989,85	0,6289	0,1476
232	2066,33	2066,98	2077,53	2065,69	2081,94	1989,00	1989,85	0,8789	0,2394
233	2067,68	2066,98	2077,53	2065,69	2081,94	1989,00	1989,85	0,8711	0,3311
234	2069,03	2066,98	2077,53	2065,69	2081,94	1989,00	1989,85	0,6211	0,4229
235	2070,38	2066,98	2077,53	2073,27	2081,94	1989,00	1989,85	0,3711	0,5147
236	2071,74	2066,98	2077,53	2073,27	2081,94	1989,00	1989,85	0,1211	0,6064
237	2073,09	2077,80	2077,53	2073,27	2081,94	1989,00	1989,85	0,1289	0,6982
238	2074,44	2077,80	2077,53	2073,27	2081,94	1989,00	1989,85	0,3789	0,7900
239	2075,79	2077,80	2077,53	2073,27	2081,94	1989,00	1989,85	0,6289	0,8817
240	2077,14	2077,80	2077,53	2080,86	2081,94	1989,00	1989,85	0,8789	0,9735
241	2078,49	2077,80	2077,53	2080,86	2081,94	1989,00	1989,85	0,8711	0,9348
242	2079,84	2077,80	2077,53	2080,86	2081,94	1989,00	1989,85	0,6211	0,8430
243	2081,20	2077,80	2077,53	2080,86	2081,94	1989,00	1989,85	0,3711	0,7512
244	2082,55	2077,80	2077,53	2081,94	2081,94	1989,00	1989,85	0,1211	0,6595
245	2083,90	2088,61	2077,53	2081,94	2081,94	1989,00	1989,85	0,1289	0,5677
246	2085,25	2088,61	2077,53	2081,94	2081,94	1989,00	1989,85	0,3789	0,4759
247	2086,60	2088,61	2077,53	2089,52	2081,94	1989,00	1989,85	0,6289	0,3842
248	2087,95	2088,61	2077,53	2089,52	2081,94	1989,00	1989,85	0,8789	0,2924
249	2089,31	2088,61	2077,53	2089,52	2081,94	1989,00	1989,85	0,8711	0,2007
250	2090,66	2088,61	2077,53	2089,52	2081,94	1989,00	1989,85	0,6211	0,1089
251	2092,01	2088,61	2077,53	2089,52	2081,94	1989,00	1989,85	0,3711	0,0171

Tabela V. Ostatnia strona; część b

A	K	L	M	N	O	P	Q	R	S	T
Nr	7_7-M.	LGS-M.	DC-M.	OL-M.	Total	Scale	Cycle	Year	Rel.	Aver.
227	0,6134	0,5142	0,4290	0,8753	3,0225	5,538	28,375	2060	54,6	55,4
228	0,2570	0,5436	0,4181	0,8729	2,3403	5,538	28,500	2061	42,3	57,1
229	0,0994	0,5729	0,4071	0,8705	2,1148	5,538	28,625	2062	38,2	57,4
230	0,4559	0,6023	0,3962	0,8680	2,7571	5,538	28,750	2064	49,8	56,1
231	0,8123	0,6316	0,3853	0,8656	3,4713	5,538	28,875	2065	62,7	54,8
232	0,8313	0,6610	0,3743	0,8632	3,8481	5,538	29,000	2066	69,5	55,3
233	0,4749	0,6903	0,3634	0,8608	3,5916	5,538	29,125	2068	64,9	58,2
234	0,1184	0,7197	0,3525	0,8584	3,0929	5,538	29,250	2069	55,9	61,7
235	0,2380	0,7490	0,3415	0,8560	3,0703	5,538	29,375	2070	55,4	63,9
236	0,5945	0,7784	0,3306	0,8535	3,2845	5,538	29,500	2072	59,3	64,7
237	0,9509	0,8077	0,3197	0,8511	3,7565	5,538	29,625	2073	67,8	65,5
238	0,6927	0,8371	0,3087	0,8487	3,8561	5,538	29,750	2074	69,6	66,8
239	0,3363	0,8664	0,2978	0,8463	3,8574	5,538	29,875	2076	69,7	68,8
240	0,0202	0,8958	0,2869	0,8439	3,8991	5,538	30,000	2077	70,4	70,1
241	0,3766	0,9251	0,2759	0,8415	4,2250	5,538	30,125	2078	76,3	69,9
242	0,7330	0,9545	0,2650	0,8390	4,2557	5,538	30,250	2080	76,8	68,3
243	0,9105	0,9839	0,2540	0,8366	4,1074	5,538	30,375	2081	74,2	67,0
244	0,8398	0,9868	0,2431	0,8342	3,6845	5,538	30,500	2083	66,5	66,5
245	0,4833	0,9574	0,2322	0,8318	3,2014	5,538	30,625	2084	57,8	66,5
246	0,1269	0,9281	0,2212	0,8294	2,9605	5,538	30,750	2085	53,5	64,5
247	0,2295	0,8987	0,2103	0,8270	3,1786	5,538	30,875	2087	57,4	61,0
248	0,5860	0,8694	0,1994	0,8245	3,6506	5,538	31,000	2088	65,9	52,7
249	0,9424	0,8400	0,1884	0,8221	3,8647	5,538	31,125	2089	69,8	45,3
250	0,7012	0,8107	0,1775	0,8197	3,2391	5,538	31,250	2091	58,5	38,9
251	0,3448	0,7813	0,1666	0,8173	2,4982	5,538	31,375	2092	45,1	33,0

5. Obliczone wykresy dla lat 1890-2070

Względne zmiany w transferze energii, która dotarła do Ziemi w tym okresie, pokazano na poniższym wykresie. Jest to fragment bardziej ogólnego programu z rozdziału 3. Widzimy wyraźnie, że obecne, tak zwane "nowoczesne" optimum globalnego klimatu zostało przekroczone już w latach 90-tych XX wieku. Żółta linia to średnia wartość z okresu od roku 347, który omówiliśmy w rozdziale 3. Widzimy, że w nadchodzących dwóch dekadach wracamy do średniego poziomu globalych temperatur na Ziemi.

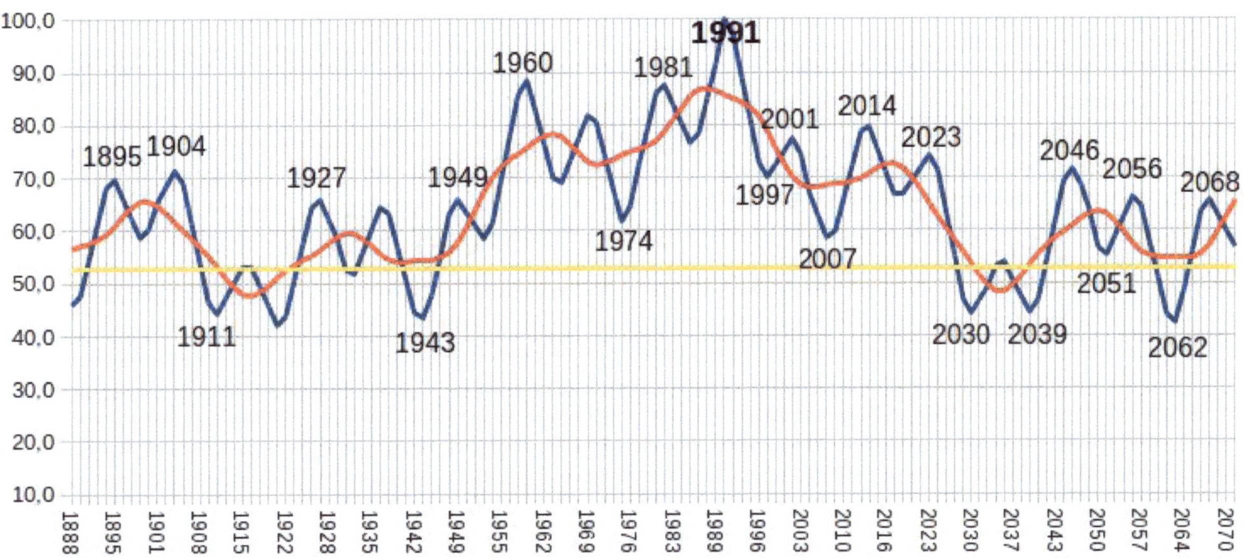

Nasz obecny test zwiększonej precyzji naszych obliczeń, uwzględniający również krótszy okres 7.58 lat, jest pozytywny, ponieważ dodatkowa precyzja jeszcze bardziej zbliża nasze wyniki do znanych faktów z obserwacji klimatu Ziemi, jak pokazuje poniższy wykres w porównaniu z poprzednim. Tym razem żółta linia pokazuje średnią wartość 290-letniego okresu pokazanego tutaj.

81

Ironia historii: cała "zimna wojna" między Wschodem a Zachodem miała miejsce podczas najcieplejszej naturalnej fazy globalnego klimatu ostatnich stuleci; moje pokolenie doświadczyło tego osobiście.

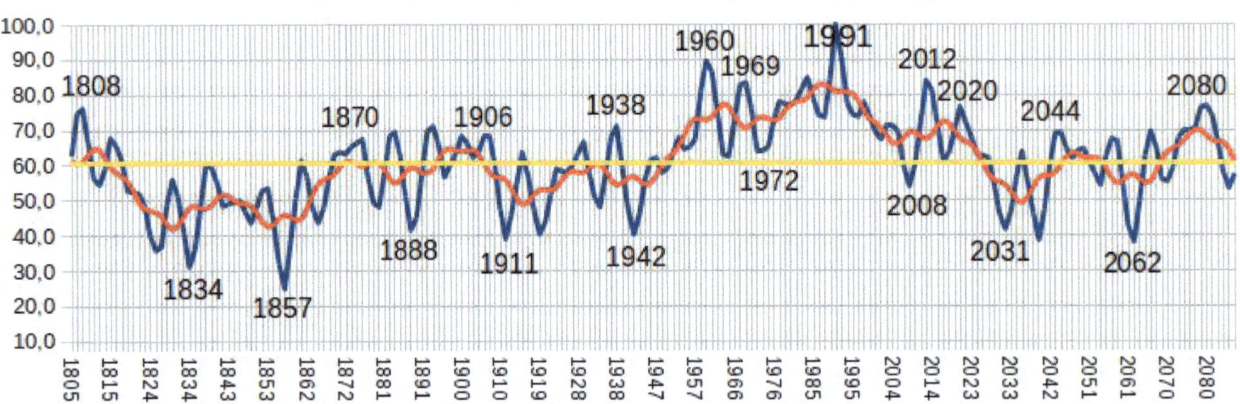

Część 3

Rekonstrukcja i przewidywanie zmian w globalnym klimacie Ziemi

Okres historii Ziemi, a także historia klimatu Ziemi w XIX i XX wieku, jest szczególnie interesujący, ponieważ świat zmienił się zasadniczo w tym okresie tak zwanej "nowoczesności". Globalna rewolucja przemysłowa, dwie wojny światowe i katastrofalne zanieczyszczenie środowiska miały miejsce w tym stosunkowo krótkim okresie historii ludzkości. Niezależnie jednak od całej ludzkiej działalności, kosmiczna karuzela Kosmicznej Hierarchii Układu Słonecznego nadal się obracała, i to całkowicie bez wpływu nas, ludzi. Nasze obliczenia dokładnie odzwierciedlają dobrze znane zmiany w globalnym klimacie Ziemi w tym okresie. Z jednej strony oznacza to, że nasz pomysł obliczania czasowych zmian klimatu jest bardzo realistyczny. Po drugie oznacza to, że nawet najbardziej gwałtowne działania ludzkości mają wpływ tylko na środowisko, ale nie na globalny klimat Ziemi. Po trzecie, nasze przewidywania przyszłych zmian w globalnym klimacie należy traktować bardzo poważnie, ponieważ wbrew obecnej opinii światowej społeczności naukowej, nie stoimy w obliczu dalszego globalnego ocieplenia, ale nowego poważnego ochłodzenia. To radykalnie zmienia nasze spojrzenie na globalny kryzys energetyczny.

Rozdział 5

Rekonstrukcja przeszłych względnych zmian globalnej temperatury Ziemi w ciągu ostatnich 7000 lat

1. Idea

Cyfryzacja dzisiejszego świata stała się tak powszechna, że niewiele osób pamięta, jak wyglądało życie przed erą komputerów osobistych. O ile wiem, jestem jednym z tych nielicznych. Dlatego było to dla mnie prawie objawienie, kiedy zdałem sobie sprawę z możliwości, że mogę teraz spojrzeć znacznie dalej w przeszłość za pomocą mojego laptopa, aby zrekonstruować zmiany w globalnym klimacie. Jestem szczególnie zainteresowany czasem wokół ostatniego skoku kwantowego poziomu 5, który był sygnałem startowym dla życia naszego "nowoczesnego" Gatunku *Homo sapiens Sapiens "modernus"*. Odpowiedni diagram dla tego okresu naszej historii widzieliśmy w rozdziale 2.3. A teraz przedstawmy to konkretne obliczenie zmian w transferze energii do Ziemi w ciągu ostatnich siedmiu tysięcy lat.

Dla tego długiego okresu obliczamy tylko dwa punkty dla każdego okresu Jowisz-Słońce. Ale w tym przypadku musimy wziąć pod uwagę również dwa dłuższe okresy Hierarchii Kosmicznej, poziomy 4 i 5.

2. Dokładne instrukcje

Tabela VI. Instrukcje obliczania globalnego transferu energii według modelu *Naturics* w wiekach od 63 p.n.e. do 25 n.e.

Kolumna		Wartość początko-wa	Status	Funkcja obliczeniowa[3]	Następna operacja	Notka
Znak	Opis					
A	Nr	A8= -1493	zadany	A9 = A8+1	wypełnić do dołu	a
B	Year	B8= -6318,800	zadany	B9 = B8+5,40627	wypełnić do dołu	b
C	Jupiter	C8= -6314,000	zadany	C9 = WENN(ABS(C8-B9)<= 5,40627;C8;C8+10,81254)	wypełnić do dołu	c
D	Saturn	D8= -6313,000	zadany	D9 = WENN(ABS(D8-B9)<= 14,0563;D8;D8+28,1126)	wypełnić do dołu	d
E	LGS	E8= -6289,642	zadany	E9 = WENN(ABS(E8-B9)<= 46,0448;E8;E8+92,0896)	wypełnić do dołu	e
F	DC	F8= -6415,460	zadany	F9 = WENN(ABS(F8-B9)<= 123,595;F8;F8+247,19)	wypełnić do dołu	f
G	OLMG	G8= 6658,000	zadany	G9 = WENN(ABS(G8-B9)<= 559,114;G8;G8+1118,228)	wypełnić do dołu	g
H	OCC	H8= 6658,000	zadany	H9=WENN(ABS(H8-B9)<=6789,15;H8;H8+13578,3)	wypełnić do dołu	h
I	LMC	I8= -4719,500	zadany	I9=I8	wypełnić do dołu	i
J	Jup-M.	H8=	liczony	H8 = 1-ABS((C8-B8)/5,40627)	wypełnić	j

3   Używałem Program: LibreOffice Calculation.

		0,8772			do dołu	
K	Sat-M.	I8= 0,4827	liczony	I8 = 1-ABS((D8-B8)/14,0563)	wypełnić do dołu	k
L	LGS-M.	J8= 0,3373	liczony	J8 = 1-ABS((E8-B8)/46,0448)	wypełnić do dołu	l
M	DC-M.	K8= 0,2843	liczony	K8 = 1-ABS((F8-B8)/123,595)	wypełnić do dołu	m
N	OL-M.	L8= 0,2075	liczony	L8 = 1-ABS((G8-B8)/559,114)	wypełnić do dołu	n
O	OCC-M.	M8= 0,9500	liczony	M8=1-ABS((H8-B8)/6789,15)	wypełnić do dołu	o
P	LMC-M.	N8= 0,9806	liczony	N8=1-ABS((I8-B8)/82439)	wypełnić do dołu	p
Q	Total	Q8= 3,6082	liczony	Q8 = J8+K8+L8+M8+N8+O8+P8	wypełnić do dołu	q
R	Scale	R8= 6,329	liczony	R8 = MAX(Q8:Q1652)	N9 = N8; wypełnić do dołu	r
S	Cycle	S8= -746,5	liczony	S8 = A8/2	S9 = A9/2; wypełnić do dołu	s
T	Year	T8= -6319	zadany	T8 = B8	wypełnić do dołu	t
U	Rel.	U8= 57,0	liczony	U8 = 100*Q8/R8	wypełnić do dołu	u
V	Aver. 2 Zyklen	V8= 60,0	liczony	R8 = SUMME(U6:U10)/5	wypełnić do dołu	v
W	Aver. 8 Zyklen	W16=62,2	liczony	W16=SUMME(U8:U24)/17	wypełnić do dołu	w

Notki (tylko te, które różnią się od zadanych w tabeli II):

a-b) W tym przykładzie obliczeniowym rok początkowy został wybrany tak, aby szczyt ostatniego skoku kwantowego stopnia 5 (i wszystkich mniejszych), można było ustawić na rok -4719.50.

d) W tym programie wybrałem również idealny okres Saturna.

o) To grupa ciał niebieskich poruszających się razem, która jest odpowiedzialna za modulację tego stopnia ma również podobny wpływ na transfer energii do Układu Słonecznego, jak wszystkie inne modulatory.

p) W tym przykładzie zachowujemy również poziom 5, chociaż jego wpływ na tę skalę czasową pozostaje stały.

q) Sumujemy wszystkie wkłady.

r) Szukamy maksymalnej wartości wszystkich indywidualnych wkładów.

v) Końcowy wkład pięciu modulatorów energii (kolumna U), które dotarły do Układu Słonecznego w analizowanych 88 stuleciach, w odniesieniu do maksymalnej wartości z punktu r.

w) Wartości z wiersza U uśrednione w ośmiu cyklach trwających 10.81254 lat (lub w siedemnastu krokach obliczeń; po dwa na cykl).

3. Wykresy obliczone dla ostatnich tysiącleci

Przegląd wyników tych długoterminowych obliczeń (które nowe komputery domowe wykonują w ciągu sekund) zaczynamy od wykresu dla całego okresu 88 stuleci. Dla przejrzystości, najpierw przedstawimy na rysunku tylko jeden (uśredniony) punkt dla każdego stulecia.

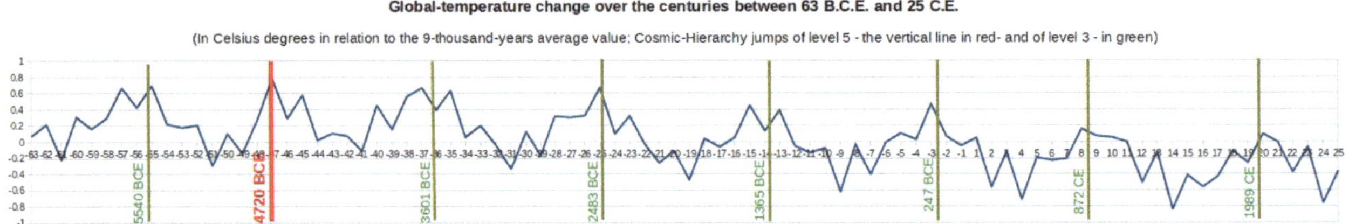

Abyśmy mogli studiować ten wykres bez lupy, podzielę go na dwie połowy. Pierwsza z nich jest pokazana poniżej. Czerwona strzałka oznacza teoretyczne maksimum ostatniego kosmicznego skoku kwantowego poziomu 5 naszej Hierarchii Kosmicznej, 4720 lat przed naszą erą.

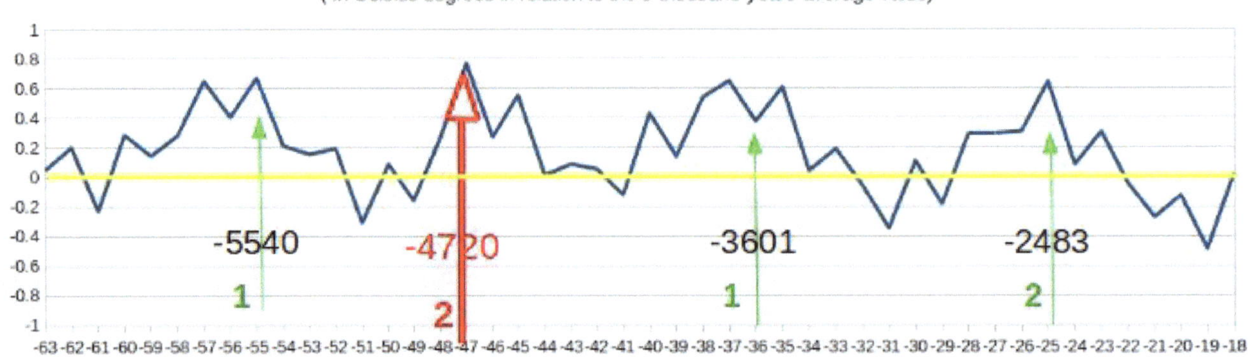

Zielone strzałki pokazują sąsiednie skoki kwantowe etapu 3, które zawsze występują w odstępie czasu 1118.2 lat. Należy przy tym pamiętać, że przejście stopnia 5 naszego kosmicznego zegara ustawiło na zero wszystkie jego mniejsze wskazówki, włączając w to wskazówkę poziomu 4. Jedna godzina stopnia 4 trwa 13578.3 lat. Dlatego nasz wykres nie może jeszcze pokazać takiego następnego skoku; pierwszy z nich nastąpi dopiero w roku 8859. Odpowiedni diagram dla drugiej połowy całego rozważanego tu okresu jest pokazany poniżej.

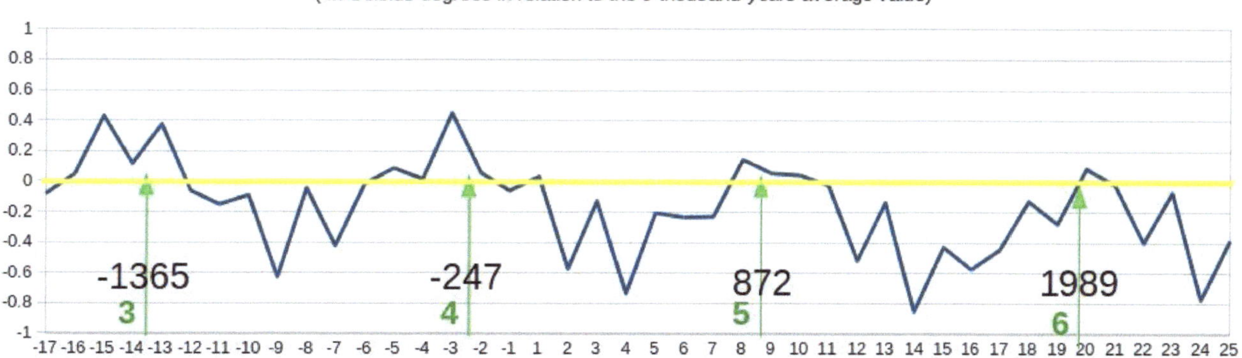

Dla tych z nas, którzy nie są tak dobrze zaznajomieni z danymi historycznymi dotyczącymi historii ludzkości w basenie Morza Śródziemnego jeszcze raz zauważamy, że okres czasu między skokami poziomu 3 z numerami 1 i 2 odpowiada Cywilizacji starożytnego Egiptu. Analogiczny okres czasu pomiędzy skokami 2 i 3 - to Cywilizacja Nowego Egiptu; okres między skokami 3 i 4 - to Cywilizacja grecka; ten między skokami 4 i 5 - to Cywilizacja rzymska; wreszcie ten między skokami 5 i 6 - to Cywilizacja średniowieczna. Od 1989 roku trwa nasza siódma "wielka" Cywilizacja, którą nazwałem *Pierwszą Globalną Cywilizacją*.

Ogólna tendencja zmiany transferu energii do Ziemi, a tym samym zmiany globalnego klimatu Ziemi, jest jasna. Ziemia ochładza się globalnie od siedmiu tysięcy lat. Każde "cywilizacyjne" optimum kończy się niższymi temperaturami niż poprzednie. Możemy przewidywać, że ta tendencja utrzyma się jeszcze przez kolejne 4000 lat, dopóki nie zapowie się kolejny skok kwantowy stopnia 4. Więcej szczegółów tych zmian można zobaczyć na dwóch poniższych wykresach.

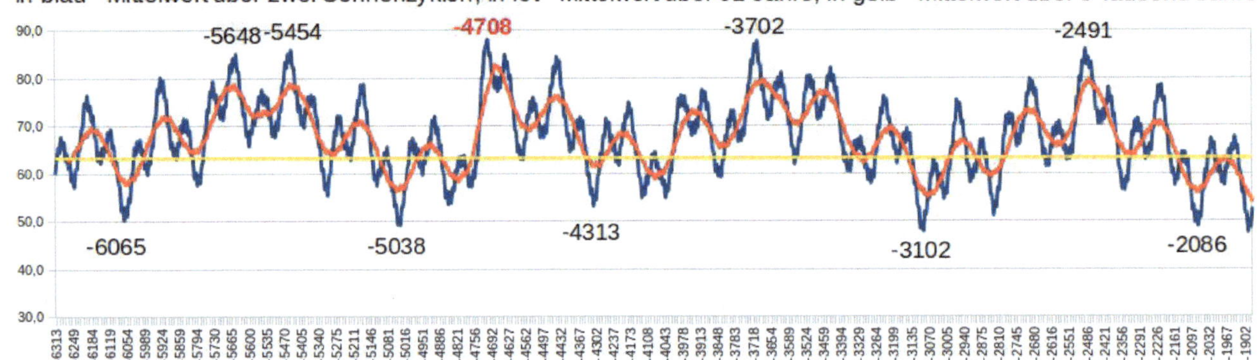

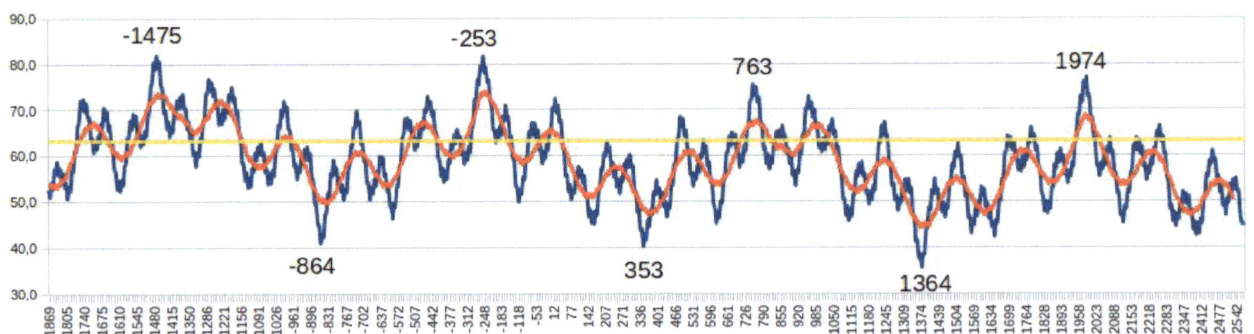

Rozdział 6

Rekonstrukcja przeszłych względnych zmian globalnej temperatury Ziemi w ciągu ostatniego tysiąca lat

1. Idea

Przedstawiona w poprzednich rozdziałach metoda obliczania zmian intensywności transferu energii do Ziemi w ciągu ostatnich tysiącleci pozwala nam bardzo realistycznie zrekonstruować przeszłe zmiany globalnego klimatu Ziemi. To z kolei pozwala nam, z jednej strony, porównać obliczone cieplejsze i zimniejsze okresy tych zmian z odpowiadającymi im okresami naszej pisanej historii. Po drugie, po raz pierwszy w naszej nauce, jesteśmy teraz w stanie dokonać dokładnego przewidywania przyszłych naturalnych zmian w globalnym klimacie Ziemi. W tym rozdziale koncentrujemy się na pierwszym z tych zadań. Przewidywaniu poświęcamy kolejny i ostatni rozdział tej książki.

2. Porównanie obliczonych zmian z faktami historycznymi

Poniższy diagram przedstawia fragment wyników programu z rozdziału 3. Najważniejszą rzeczą, jaką powinniśmy z niego wyciągnąć, jest oczywista obserwacja, że naturalne ocieplenie Ziemi w latach 1857-1991 można przypisać tylko częściowo, jeśli w ogóle, jakiejkolwiek działalności człowieka. Jak widzieliśmy w rozdziale 5, "nowoczesne" optimum zmian klimatu było najzimniejsze w ciągu ostatnich 7000 lat.

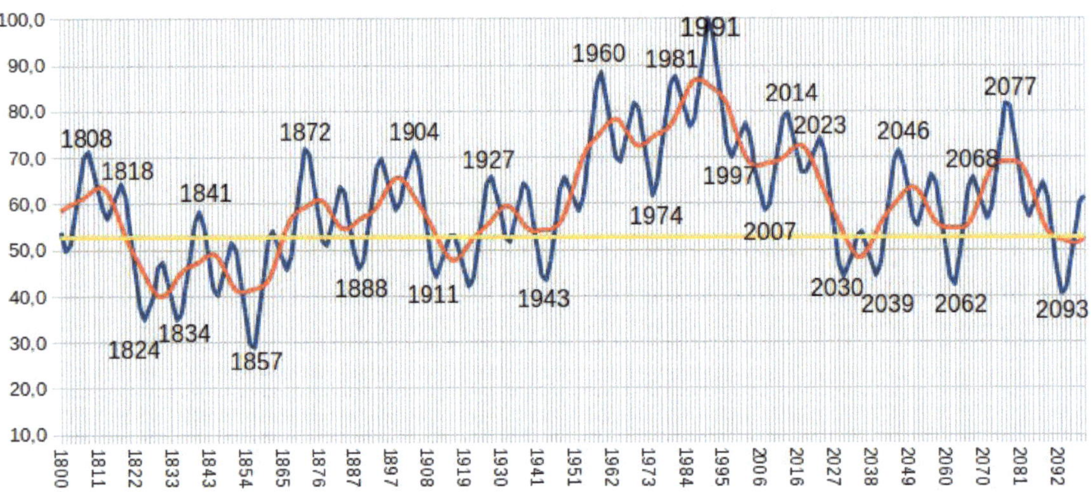

Pozostańmy jednak najpierw przy porównaniu z wydarzeniami historycznymi. Ogólny wynik okresu obliczonego w rozdziale 3 przedstawiono na poniższym wykresie. Zielona linia reprezentuje średnią wartość tego okresu, a żółta - średnią wartość z ostatnich 7000 lat. Widzimy wyraźnie, że obecnie żyjemy w najzimniejszym "cywilizacyjnym" okresie klimatycznym ludzkości. I, jak wspomniano powyżej, ochłodzenie to będzie kontynuowane.

Aby ułatwić nam porównanie z wydarzeniami historycznymi, graficznie dzielimy cały ten okres na okresy zimne i ciepłe, które również możemy ponumerować. W tym celu używam (poniżej) starszego rysunku i tabeli, które przygotowałem dla innej książki.

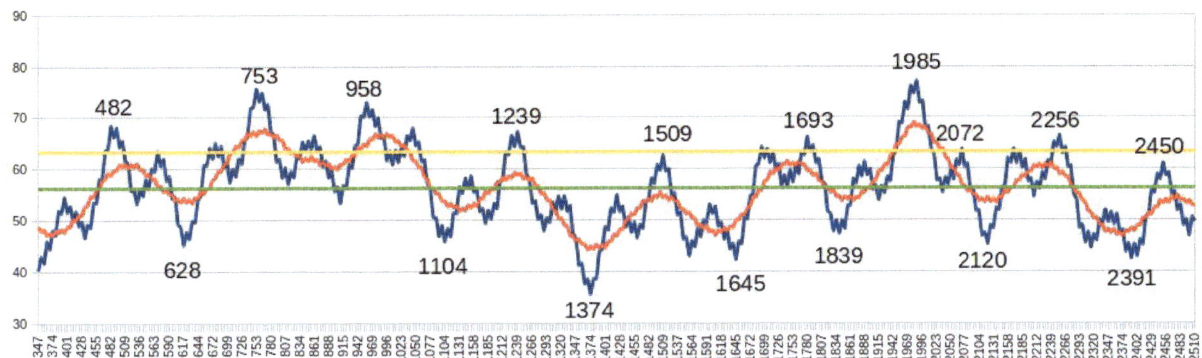

Relative energy transfer of the Cosmic Hierarchy 347-2510 (theoretical solar cycles -130 to 70)

(there is shown the average value over one solar cycle)

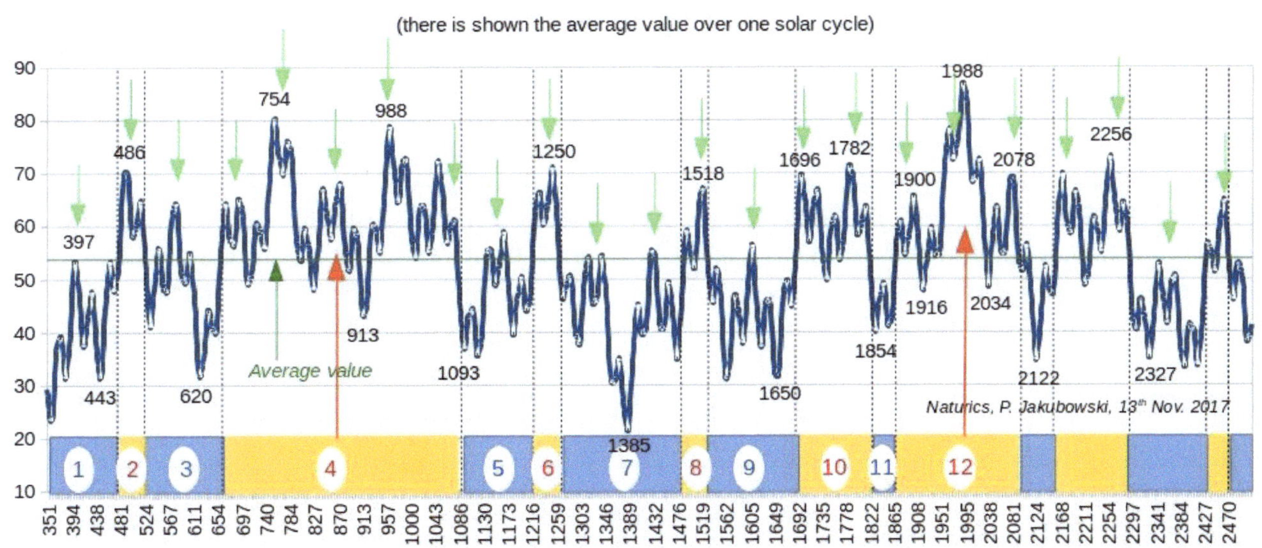

93

Tabela VII: Przykłady zdarzeń historycznych, na jakie wpływ miały (prawdopodobnie) faktyczne zimne i ciepłe okresy ziemskiego klimatu od roku 347

(okresy ponumerowane są zgodnie z powyższym wykresem naszych obliczeń zmian w transferze energii do Ziemi w latach 347 i 2510).

Nr	Ogólny trend podczas trwających zmian klimatu	Przykładowe wydarzenia
1	Wyjątkowo zimny okres czwartego wieku powoduje migracje do cieplejszych obszarów	360 - Hunowie najeżdżają Europę
		395-476 - Zachodnie (chłodniejsze) Imperium Rzymskie podupada, podczas gdy jego wschodnia (cieplejsza) część rośnie
2	Gwałtowne ocieplenie w latach 450-500 sprzyja odwrotnym migracjom i innym pozytywnym działaniom	ok. 470 - Hunowie opuszczają Europę
		ok. 500 - Rdzenni Amerykanie rozpoczynają uprawy w dorzeczu Mississippi
		529 - sztuka i architektura bizantyjska wkracza w złoty wiek rządów Justyniana
3	Nagły spadek temperatury Ziemi po roku 509 sprzyja rozwojowi plag i zwiększa aktywność religijną	542 - Wielka Plaga rozprzestrzenia się w Konstantynopolu; prawie połowa Europejczyków umiera w ciągu następnych pięćdziesięciu lat
		622 - Rok 1 w kalendarzu muzułmańskim
		630 - Mahomet i jego zwolennicy podbijają Mekkę w świętej wojnie
4	Utrzymujący się ciepły okres między 650 a 1080 r. sprzyjał	>600 - inwazje barbarzyńców dobiegają końca
		618-907 - Chińska kultura i literatura przeżywają złoty

		wiek za panowania dynastii Tang
	wielu pokojowym i pełnym przygód działaniom	8-11 wiek - okres inwazji nordyckich na Francję, Niemcy, Rosję i Anglię
		982-1000 - kolonie osadnicze Wikingów na Grenlandii i (prawdopodobnie) w Nowej Szkocji
5	Koniec średniowiecznego optimum ponownie przynosi zmieniające się warunki klimatyczne. Pokojowe, ale także wojenne projekty próbują ustabilizować sytuację	1054 - schizma między Kościołem prawosławnym a Kościołem zachodnim staje się trwała
		1068 - chiński cesarz Shen Tsung wprowadza radykalne reformy w rolnictwie i finansach państwa
6	Krótki ciepły okres w połowie XIII wieku wspiera pewne nowe wydarzenia	1167 - założenie Uniwersytetu Oksfordzkiego
		1233 - Pierwsze kopalnie węgla w Newcastle w Anglii
		1253 - założenie Uniwersytetu Sorbońskiego w Paryżu
		ok. 1290 - wprowadzenie do Europy przędzarki z Indii
7	Pierwsza połowa najzimniejszego okresu poprzedniego tysiąclecia, między latami 1275 a 1675r.; był to okres wojen, plag, kolonizacji i niewolnictwa	1300 - Proch strzelniczy wprowadzony do Europy na początku XIV wieku
		1333-1568 - Japonia rządzona przez watażków
		1337-1453 - Wojna stuletnia między Anglią i Francją
		1348-1351 - Czarna Śmierć zabija połowę Europejczyków, paraliżując przemysł i rolnictwo na następne stulecie
		1434 - Afrykańscy niewolnicy po raz pierwszy w Portugalii
		1453 - Cesarstwo Bizantyjskie kończy się wraz z

		podbojem Konstantynopola przez Osmanów
		1476 - Inkowie kończą podbój Ameryki Południowej
8	Krótki ciepły okres w środku okresu "małej epoki lodowcowej" dziś nazywamy renesansem, ale był to również burzliwy czas	1481-1512 - Turcy walczą z Węgrami, Polską i Wenecją
		1482 - hiszpańska inkwizycja rozpoczyna prześladowania tak zwanych "heretyków"
		1487-1533 - Portugalczycy i Hiszpanie sprowadzają afrykańskich niewolników do nowych kolonii
		1517 - Marcin Luter zapoczątkowuje reformację protestancką
9	Druga połowa "małej epoki lodowcowej" ponownie zwiększa tendencję do plag i wojen	1550-1600 - populacja rdzennych Amerykanów spada z 7 milionów do 1 miliona
		1588 - Anglicy pokonują hiszpańską armadę
		XVII wiek - kolonizacja angielska, holenderska i francuska osiąga szczyt
		1655 - Szwecja najeżdża Polskę i rozpoczyna wojny północne
		1669 - głód w Bengalu zabija 3 miliony ludzi
10	Pierwsza połowa "nowoczesnego" optimum klimatycznego napędza globalne ruchy, zwłaszcza w przemyśle, kulturze, ale także w działaniach wojennych i wyzysku większości ludzi	1721 - Rosja staje się główną potęgą w Europie Północnej
		>1721 - Kultura i architektura baroku i rokoka rozprzestrzeniają się w Europie
		1733 - Latające wrzeciono rewolucjonizuje przemysł chałupniczy
		1769 - Głód w Bengalu zabija 10 milionów ludzi

11	Krótkie ochłodzenie klimatu w środku "nowoczesnego" optimum przynosi nową dynamikę rozwoju politycznego i społecznego	1776 - Amerykańska Deklaracja Niepodległości
		1789 - Początek rewolucji francuskiej
		1796-1815 - wojny napoleońskie w całej Europie
		>1832 - Ruchy zjednoczeniowe w Europie i ruchy niepodległościowe na całym świecie
		1833 - Niewolnictwo zostaje zniesione w Imperium Brytyjskim
		1837 - Paniczna depresja finansowa w USA
		1842 - Pozytywizm i socjologia rozprzestrzeniają się z Francji
12	Obecna połowa naszego optimum klimatycznego przedłuża wcześniejszą tendencję do "rewolucji w przemyśle, kulturze, nauce, technologii wojennej i wyzysku słabszych	- Rewolucja komunistyczna w Rosji i Chinach
		- Pierwsza i druga wojna światowa
		- Wojny o niepodległość na całym świecie
		- "Zimna wojna" między Wschodem a Zachodem
		- Eksploracja Wszechświata
		- Rewolucja środowiskowa
		- Globalne systemy komunikacji

Mnie osobiście już nie zaskakuje ta obserwacja, jak wiele z wydarzeń historycznych było w rzeczywistoóci uwarunkowane ówczesnymi zmianami klimatu. Migracje, wzrosty i upadki imperiów, wyludnienie całych połaci powierzchni Ziemi, wojny, epidemie, to wszystko wydarzało się w dużej mierze w rytm naszego Zegara Kosmicznego. Dlaczego dzisiaj miało by nam się udać wyzwolić z tego rytmu? Jeśli my nawet nie zadajemy sobie trudu, aby wyciągnąć pozytywne nauczki z tej historii.

Rozdział 7

Przewidywanie zmian w globalnym klimacie Ziemi w ciągu najbliższych 500 lat

1. Obliczone wykresy zmian do roku 2510

Po pierwsze, przedstawiamy ostatni (tzn. najnowszy) fragment obliczeń dla całego okresu 7000 lat, który omówiliśmy wcześniej. Wciąż pamiętamy, że dokładność obliczeń jest tu ograniczona do połowy cyklu Jowisz-Słońce.

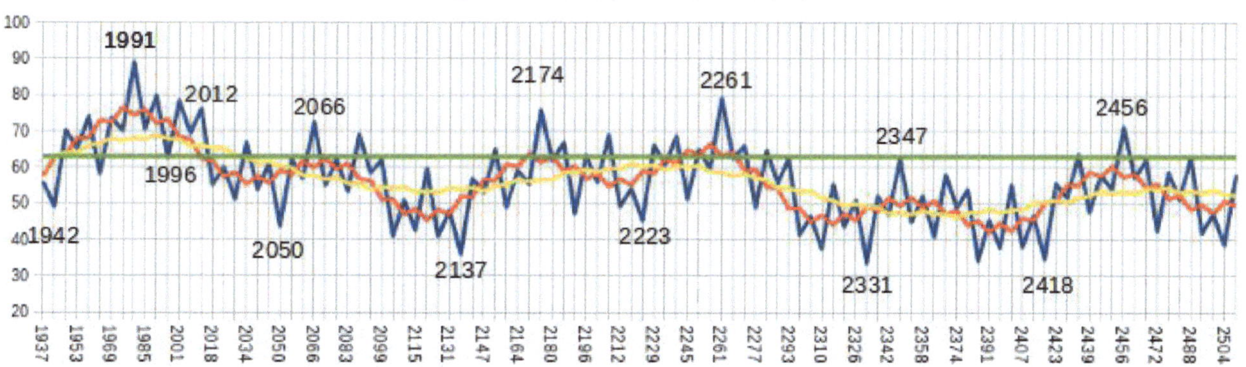

Niemniej jednak widzimy, że połowa bieżącego stulecia będzie znacznie chłodniejsza niż cały wiek XX. Wiek 22 będzie jeszcze zimniejszy, a od połowy wieku 23 Ziemia będzie cierpieć z powodu nowej "małej epoki lodowcowej". Musimy odpowiednio wcześnie przygotować na to naszych potomków.

Nasze programy z rozdziałów 3 i 4 pozwalają nam na bardziej precyzyjne przewidywania. W zależności od wybranej dokładności obliczeń i wybranych modulatorów, przewidywania dokładnej intensywności transferu energii na Ziemię różnią się nieznacznie z roku na rok, ale w ciągu dziesięcioleci wszystkie nasze stwierdzenia są takie same. Możemy to zaobserwować na dwóch ostatnich wykresach poniżej.

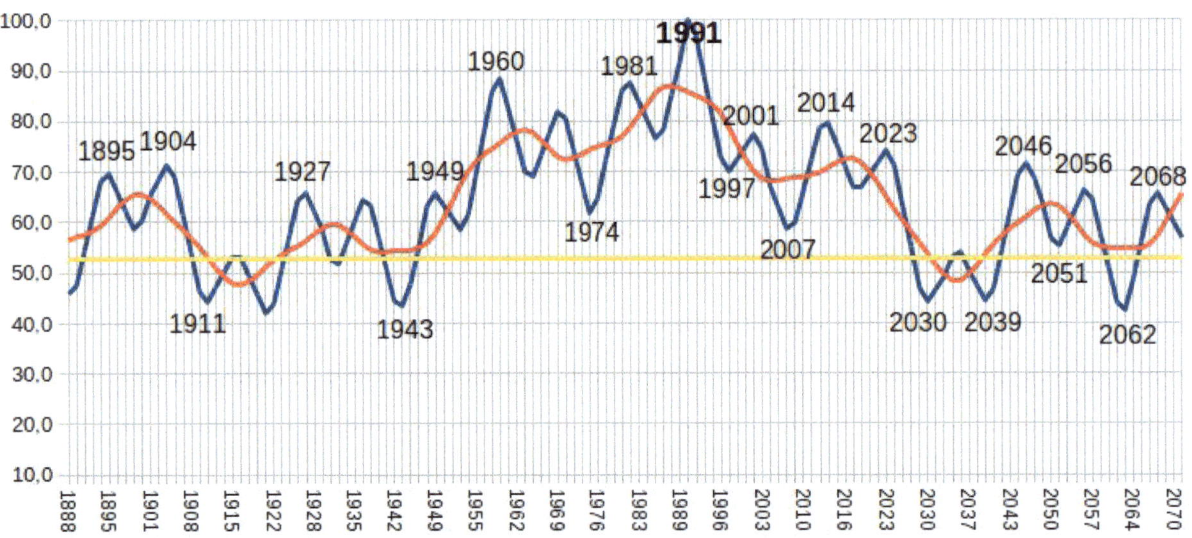

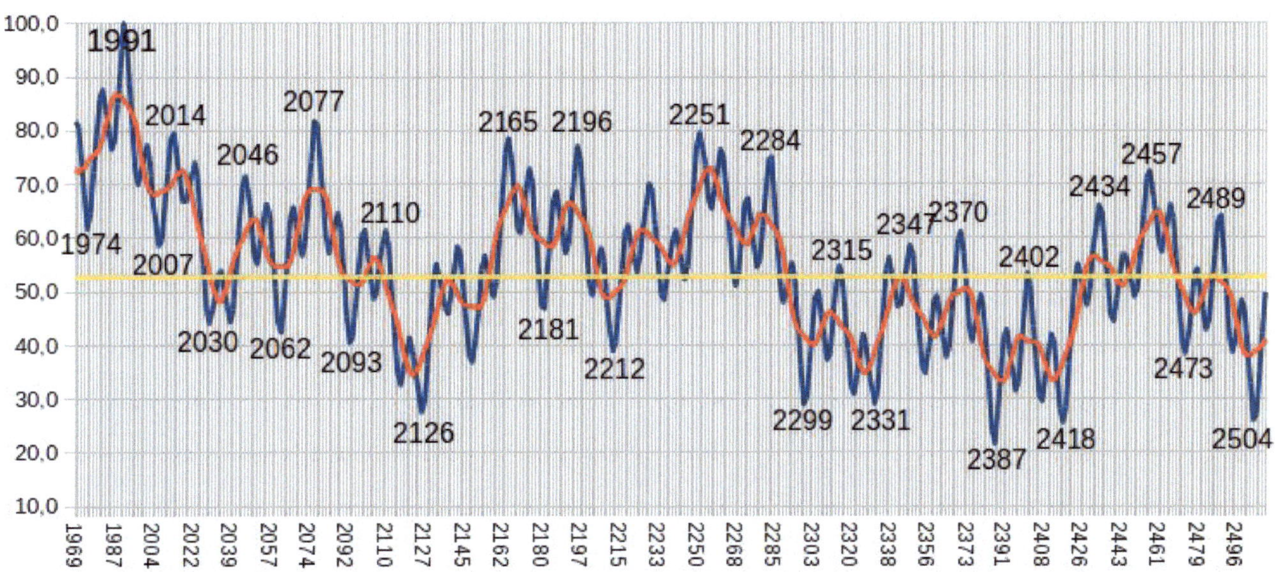

100,0
90,0
80,0
70,0
60,0
50,0
40,0
30,0
20,0
10,0
1991
1974
2014
2007
2046
2077
2030
2062
2093
2110
2126
2165
2196
2181
2212
2251
2284
2315
2347
2370
2299
2331
2387
2402
2418
2434
2457
2489
2473
2504
1969
1987
2004
2022
2039
2057
2074
2092
2110
2127
2145
2162
2180
2197
2215
2233
2250
2268
2285
2303
2320
2338
2356
2373
2391
2408
2426
2443
2461
2479
2496

Podsumowanie

Przewidywanie przyszłości rzadko kiedy może odbywać się w oparciu o podstawy naukowe. Jedna z wyjątkowych sytuacji ma miejsce w niniejszej książce, gdy mamy do dyspozycji Uniwersalną Kosmiczną Skalę Czasu. Tylko na podstawie tej skali czasu możemy przewidzieć, na przykład, naszą przyszłą pozycję we Wszechświecie, na poziomach 8 i 9 naszej Hierarchii Kosmicznej. Pozycję tę przedstawiliśmy w rozdziale I.5 za pomocą tarczy Zegara Kosmicznego. Jeszcze więcej informacji można znaleźć na poniższych dwóch diagramach.

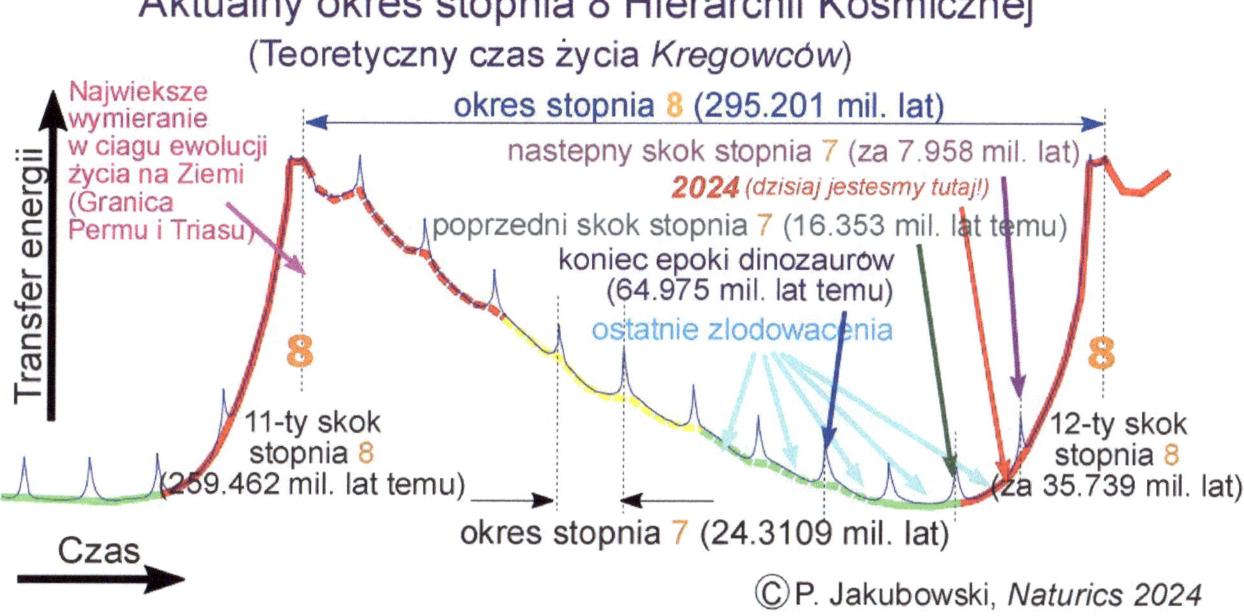

Obraz obecnego okresu ("godziny") 11 poziomu 8 Hierarchii Kosmicznej pokazuje, między innymi, koniec ery dinozaurów (z niebieską strzałką), jak i czas narodzin naszego Rzędu Naczelnych (z zieloną strzałką), czas obecny (z czerwoną strzałką) i koniec Rzędu Naczelnych (we fiolecie).

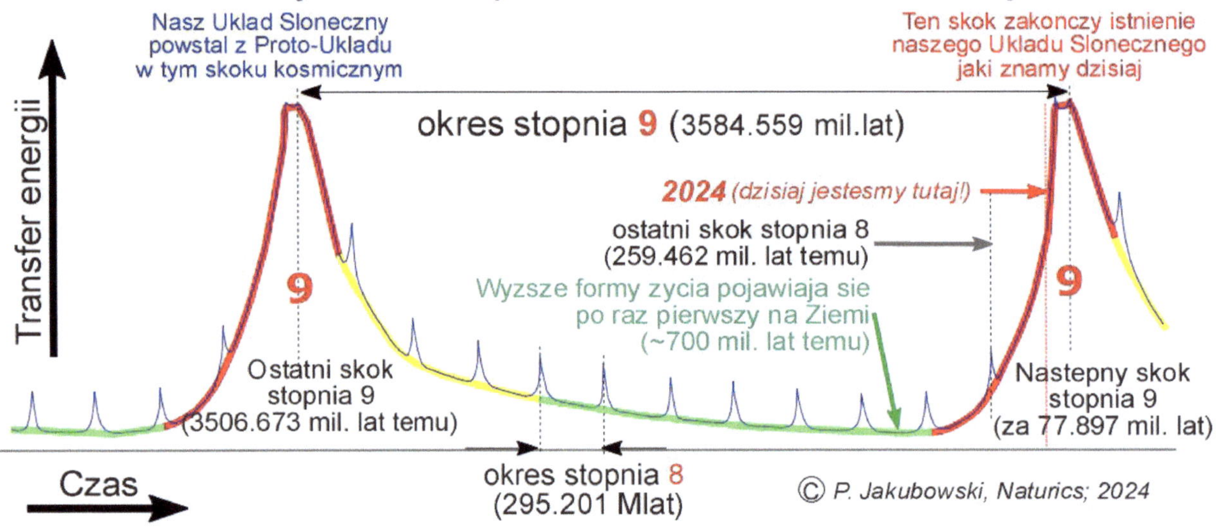

Ten powyższy obraz okresu ("godziny") 12 poziomu 9 naszej Kosmicznej Hierarchii, który wkrótce dobiegnie końca, pokazuje nam wszystkie wielkie okresy historii Ziemi, od zniszczenia gwiazdy Andrea i narodzin naszego wielkiego księżyca 3506.673 milionów lat temu. Diagram ten pokazuje również jasno (za pomocą czerwonej strzałki), że istnienie naszego Układu Słonecznego zakończy się najpóźniej za 77.897 milionów lat, w równie gwałtownej katastrofie. Ale w rzeczywistości będzie to tylko kolejny skok kwantowy poziomu 9 (wciąż jeszcze) naszej Hierarchii Kosmicznej.

Diagramy te pokazują nam wyraźnie, że fizyczny koniec Układu Słonecznego jest bardzo dokładnie przewidywalny. Możesz stać się jeszcze bardziej świadomy naszej przyszłości, jeśli spojrzysz w nocne niebo gdzieś na zewnątrz, w słabo oświetlonym regionie Ziemi (na przykład, jak na zdjęciu poniżej, nad Teneryfą) i zdasz sobie sprawę, że w każdej sekundzie zbliżamy się o ponad dwa tysiące kilometrów (porównaj z poziomem 9 w Tabeli 1) dalej do centrum dwóch największych mostów energetycznych 8 i 9, zbioru galaktyk i gromad galaktyk, które nasi przodkowie błędnie uważali za naszą macierzystą galaktykę (Drogę Mleczną).

Zwróćmy też uwagę, że przebieg czasowy okresu 8 (pierwszy rysunek tego *Podsumowania*) odbiega od tego przebiegu standardowego (ze strony 30), którego założyliśmy dla bieżącego okresu stopnia 9 (drugi rysunek powyżej). A to dlatego, że właśnie na tym przebiegu stopnia 9 widzimy wyraźnie, że jesteśmy już dzisiaj (wraz z całym Układem Słonecznym) stosunkowo głęboko wewnątrz tej domniemanej niegdyś Drogi Mlecznej; inaczej mówiąc, jesteśmy blisko szczytu następnego skoku kwantowego stopnia 9. Dlatego właśnie przebieg czasowy stopnia 8 (i wszystkich niższych) dopasowujemy do obserwacyjnego przebiegu z ostatnich 100 tysięcy lat (por. diagram na stronie 49). Musimy więc też zakładać, że każde następne globalne ochłodzenie powierzchni Ziemi będzie relatywnie mniej radykalne, aż w końcu zaniknie ono zupełnie. Stanie się to jednak całkowicie bez udziału nas, dzisiejszych i przyszłych mieszkańców Ziemi. Nasze zasoby energii, w porównaniu z energią kosmiczną, są miniaturowe.

Ponieważ jednak napisałem tę książkę głównie po to, aby dostarczyć **"solidnych argumentów i wyników badań nad klimatem Ziemi**", kończymy ją demonstrując siłę naszej kosmicznej idei klimatu na poniższym diagramie.

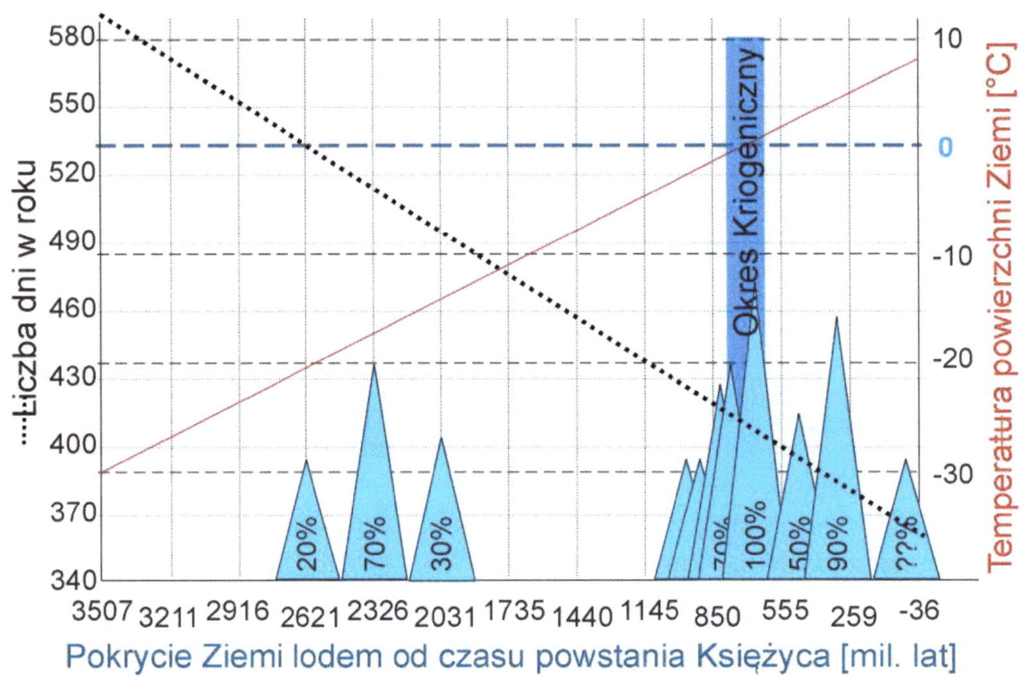

Widzimy tu jeszcze raz poszczególne godziny stopnia 8 obecnego okresu stopnia 9 naszej Kosmicznej Hierarchii wzdłuż osi X wykresu, zmianę długości dnia - wzdłuż lewej osi Y, oraz zmianę średniej temperatury powierzchni Ziemi od początku tego okresu; 3506,7 milionów lat temu, po prawej stronie. Diagram pozycjonuje również wzdłuż osi czasu wszystkie główne zlodowacenia powierzchni Ziemi, które zostały do tej pory potwierdzone przez geologów. W wyniku zderzenia pierwotnej Ziemi z największym fragmentem pierwotnego Marsa (na początku obecnego okresu stopnia 9), dwucielesny układ Ziemia-Księżyc został popchnięty w kierunku centrum Układu Słonecznego. Zderzenie miało miejsce w obszarze, który znajdował się około 50 milionów kilometrów dalej od Słońca, niż obecna pozycja Ziemi. Dlatego wkrótce po zderzeniu powierzchnia Ziemi została schłodzona do tamtejszej temperatury otoczenia, wynoszącej zaledwie -32 °C.

Ziemia była zatem głęboko zamarznięta. Na ówczesnej Ziemi nie było więc ani oceanów ani opadów deszczu. Jednak odległość Ziemia-Słońce stale się zmniejszała, co spowodowało skrócenie obiegu orbitalnego Ziemi wokół centrum Układu Słonecznego (Wenus), a także wokół Słońca. Tak zwany rok tropikalny stawał się coraz krótszy. Ponieważ obrót Ziemi wokół własnej osi (długość dnia) nie został spowolniony, należy przyjąć, że liczba dni w roku zwrotnikowym stale się skracała; jak pokazuje powyższy wykres, z 584 dni wówczas, do 365 dni obecnie. Obserwacja ta jest wystarczająca do obliczenia średniego skrócenia roku zwrotnikowego. Obliczenia te dają wartość $6.24*10^{-6}$ dni/100 lat, która jest identyczna z obliczeniami najlepszych matematyków opartymi na obserwacjach astrofizycznych (patrz Wikipedia pod hasłem "Rok zwrotnikowy"). Samo to porównanie dobitnie potwierdza nasz model struktury Układu Słonecznego, a w szczególności realną obecność gwiazdy Andrea i założone przez nas formowanie się Księżyca.

Ale także drugie twierdzenie górnego diagramu, mówiące o stale rosnącej temperaturze powierzchni Ziemi w wyniku wydarzeń towarzyszących formowaniu się Księżyca, jest imponująco potwierdzone przez nasz pomysł na rekonstrukcję przeszłego klimatu na Ziemi. Po trzech "godzinach" stopnia 8 obecnego okresu stopnia 9, Ziemia była na tyle ochłodzona, że dopiero podczas kolejnego skoku kwantowego stopnia 8 do Ziemi dotarła wystarczająca ilość energii, aby atmosfera ziemska mogła tymczasowo wytworzyć obfite opady w postaci śniegu, które w ciągu milionów lat wokół "szczytowego roku" 2621 milionów lat temu, doprowadziły do pierwszego 20-procentowego zlodowacenia powierzchni Ziemi. Około następnej godziny 4 ten sam efekt doprowadził do 70 procent zlodowacenia. Jednak następne takie wydarzenie, około godziny 5, było już ponownie słabsze, a kolejne zlodowacenia w ogóle nie wystąpiły. Jest to oczywiste, ponieważ do tego czasu średnia temperatura powierzchni Ziemi wzrosła już do -11°C i więcej. Od tego czasu uderzenia mniejszego kalibru stopnia 7 (zachodzące regularnie co 24.1 miliona lat) były wystarczające, aby zapobiec globalnemu zlodowaceniu powierzchni Ziemi. Jednak miliard lat później te kwantowe skoki mniejszego kalibru poziomu 7 okazały się już również wystarczające do rozmrożenia wciąż zamarzniętej Ziemi i spowodowania mniejszych i krótkotrwałych zlodowaceń pomiędzy skokami poziomu 7. Około 800 milionów lat temu, gdy temperatura na Ziemi wzrosła do poziomu nieco poniżej 0°C, przez miliony lat, na całej powierzchni Ziemi padał tak obfity śnieg, że Ziemia podróżowała w kosmosie jako kula śnieżna. Ten okres w historii Ziemi jest dziś znany jako Okres Kriogeniczny. Po jego zakończeniu Ziemia powoli i całkowicie rozmarzła, woda wypełniła wszystkie zagłębienia powierzchni Ziemi; pojawiły się pierwsze oceany. Następnie eksplodowało w nich życie, a wkrótce potem także na wolnych od lodu lądach.

Widzimy, że nie tylko historia ziemskiego klimatu, ale także historia rozwoju ziemskiego życia i ewolucji człowieka musi teraz zostać całkowicie przepisana na nowo.

Po przeczytaniu tej książki musiało stać się jasne dla wszystkich, że idea ochrony klimatu jest nieporozumieniem; **ochrona klimatu to żart**! **Najważniejszym zadaniem** stojącym dziś przed ludzkością jest ochrona środowiska, czyli **ochrona środowiska** przed nami, ludźmi. Klimat Ziemi jest wynikiem osadzenia Układu Słonecznego w jego ogromnej Kosmicznej Hierarchii, która wysyła na Ziemię o rzędy wielkości więcej energii, niż człowiek kiedykolwiek miał lub będzie miał do dyspozycji.

To są moje dobrze uzasadnione argumenty i wyniki badań na temat klimatu Ziemi. Ciekawie będzie zobaczyć, ile czasu zajmie sztucznej inteligencji na poinformowanie nas również o tym.

Dodatek

Konsekwencje ujednolicenia nauki (przegląd)

Ogólne właściwości Wszechświata

1. Obserwowalny Wszechświat wyłonił się z Uniwersalnego Potencjału Twórczego.
2. Uniwersalnymi elementami konstrukcyjnymi Wszechświata są kwanty materialno-duchowe o rozmiarach nanometrowych.
3. Jedyną fundamentalną interakcją Natury jest transfer energii.

Kosmiczna Hierarchia Układu Słonecznego

4. Wszechświat jest energetycznie połączoną Kosmiczną Hierarchią różnej wielkości obiektów.
5. Dynamika naszej Kosmicznej Hierarchii opiera się na zasadzie złotego podziału.
6. Wielki Obłok Magellana jest naszą "pierwotną (matczyną) galaktyką".
7. Wenus znajduje się w centrum masy Układu Słonecznego.

Pochodzenie ziemskich oceanów

8. Długość dnia prawie nie zmieniła się w historii Ziemi.
9. Średnia temperatura powierzchni Ziemi wzrasta od czasu powstania Księżyca.
10. Ziemskie oceany nie są starsze niż 700-800 milionów lat.

Pochodzenie życia

11 Podstawowa forma życia jest uniwersalnym zjawiskiem kwantowym.
12 Trwały inkubator naszego ziemskiego życia leży w tropopauzie ziemskiej atmosfery.
13 Spektrum kwantów materialno-duchowych opisuje całość życia.

14 Jeden kwant materialno-duchowy mózgu składa się z tysięcy neuronów.

15 Kwanty materialno-duchowe supermózgu generują naszą świadomość.

16 Nasze dusze są pierwotnymi istotami, które "kreują" nasze ciała i umysły.

Pochodzenie naszego gatunku

17. Nasz Rodzaj jest bezpośrednim potomkiem Rodzaju *Homo sapiens Neanderthalensis*.

18. Nasz współczesny Rodzaj (i Gatunek) ma zaledwie 6744 lat (w 2024 roku).

Kilka dodatkowych różnic w stosunku do tradycyjnego punktu widzenia

19. Prędkość światła w próżni **nie jest** naturalną stałą.

20. Elektrodynamika **nie jest** niezależnym opisem Natury.

21. Grawitacja **nie jest** niezależnym oddziaływaniem.

22. Droga Mleczna **nie jest** galaktyką.

23. Pochodzenie życia **nie jest** długą, skończoną historią.

24. Ewolucja do wyższych organizmów **nie jest** procesem obowiązkowym.

25. Nasz własny gatunek **nie jest** celem ewolucji życia.

26. Definicje kwantów jąder atomowych i kwarków **nie wymagają** istnienia sił jądrowych.

27. Żadne bezmasowe cząstki **nie mogą istnieć** w naszym Wszechświecie.